# 纳滤深度处理聚驱采油废水

赵东升 著

化学工业出版社

·北京·

## 内容简介

本书对现场纳滤设施的长期运行效能进行监测，并全面剖析污染纳滤膜的污染物组成；依据现场污染膜的主要污染物判定结果，分析不同分子量阴离子聚丙烯酰胺对纳滤膜的污染机理、胶体二氧化硅存在时阴离子聚丙烯酰胺的污染特点以及阴离子聚丙烯酰胺与原油的复合有机污染特性。本书依据膜污染物的类型遴选出合适的清洗剂，并探讨了清洗剂的清洗机理。 最后，在纳滤膜制备过程中，通过添加亲水性聚醚胺分子对聚酰胺纳滤膜进行改性，提高纳滤膜处理聚驱采油废水的抗污染性能。

本书中的研究可在保证纳滤膜对聚驱采油废水的处理效果基础上，为纳滤工艺的优化、纳滤膜的化学清洗方法的选择和新型纳滤膜的研发提供理论保障和技术支持，助推纳滤工艺经济、高效地服务于聚驱采油废水的深度处理和资源化回用领域。 本书可供从事水处理的专业技术人员和研究人员、高等院校师生参考使用。

**图书在版编目（CIP）数据**

纳滤深度处理聚驱采油废水/赵东升著. —北京：化学工业
出版社，2021.10（2023.1重印）

ISBN 978-7-122-39479-8

Ⅰ. ①纳… Ⅱ. ①赵… Ⅲ. ①生物膜（污水处理)-应用-
采油废水-废水处理 Ⅳ. ①X703

中国版本图书馆 CIP 数据核字（2021）第 135475 号

---

责任编辑：徐　娟　　　　　　　　　　文字编辑：邹　宁
责任校对：宋　夏　　　　　　　　　　装帧设计：史利平

---

出版发行：化学工业出版社（北京市东城区青年湖南街 13 号　邮政编码 100011）
印　　装：三河市延风印装有限公司
787mm×1092mm　1/16　印张 9　彩插 4　字数 194 千字　2023 年 1 月北京第 1 版第 2 次印刷

---

购书咨询：010-64518888　　　　　　　售后服务：010-64518899
网　　址：http://www.cip.com.cn

---

# 前言

石油在现代文明中的重要性众所周知。在石油开采活动中，将水注入地下岩层中，来稳定压力和获取较高的石油回收率，通常称之为水驱采油过程。同一油井或采油点经过长时间水驱开采后，采出水中的石油含量下降。为提高石油采收率，聚驱采油方法被应用起来，随之带来注水量和产水量的不断增加。聚合物随原油采出液流出地面，溶解并残留在采出废水中，使油田采出废水的性质发生了很大变化，处理难度增加。膜分离技术由于高效稳定、过程简单、便于实现自动化等特点，在废水的深度处理中受到广泛关注。其中，纳滤工艺具有出水水质优良稳定、占地面积小等优点，已在聚驱采油废水的深度处理中得到应用。

本书聚焦纳滤膜深度处理聚驱采油废水开展了一系列的研究工作。首先，对现场纳滤设施的长期运行效能进行监测，并全面剖析污染纳滤膜的污染物组成。然后，依据现场污染膜的主要污染物判定结果，进行实验室小试研究，分析不同相对分子质量阴离子聚丙烯酰胺对纳滤膜的污染机理、胶体 $SiO_2$ 存在时阴离子聚丙烯酰胺的污染特点以及阴离子聚丙烯酰胺与原油的复合有机污染特性。继而，依据膜污染物的类型遴选出合适的清洗剂，并探讨了清洗剂的清洗机理。最后，在纳滤膜制备过程中，通过添加亲水性聚醚胺分子对聚酰胺纳滤膜进行改性，提高纳滤膜处理聚驱采油废水的抗污染性能。本书中的研究可在保证纳滤膜对聚驱采油废水的处理效果基础上，为纳滤工艺的优化、纳滤膜的化学清洗方法的选择和新型纳滤膜的研发提供理论保障和技术支持，助推纳滤工艺经济、高效地服务于聚驱采油废水的深度处理和资源化回用领域。

本书的出版得到了河南省科技厅科技攻关计划（202102310260）、河南省高等学校重点科研项目（20B610005）的支持。在本书研究和形成过程中，曾得到同济大学于水利教授的倾心支持，是恩师将我引入膜法聚驱采油废水深度处理领域，并给予悉心的指导和帮助；在检测和分析方面，得到了同济大学污染控制与资源化研究国家重点实验室的老师们的指导和帮助；在现场试验过程中，得到了大庆油田的大力支持和帮助。在此还要特别感谢南阳师范学院在本书写作和出版过程中给予的大力支持。最后感谢我的家人对我一如既往的理解和支持。

本书可供水处理领域科研人员、工程技术人员以及本科生、研究生参考。希望对从事膜法水处理技术研究的读者有所帮助，以促进膜法水处理技术的健康、快速发展。限于著者的专业和文字水平，对诸多问题的认识还不够深刻，书中难免存在不足，敬请读者批评指正。

赵东升

**2021 年 6 月**

# 目录

## 31　第 3 章　纳滤设施运行情况与污染膜剖析

## 44　第 4 章　纳滤膜处理聚驱采油废水的膜污染机理

## 第5章 聚驱采油废水污染纳滤膜的清洗与机理

**104**

## 第6章 抗污染纳滤膜的制备表征及处理聚驱采油废水的性能

**116**

## 第7章 结论与展望

**119**

## 参考文献

**134**

## 附录 中英文缩(简)写对照

# 第 1 章

# 绪论

## 1.1 研究背景

为提高原油（缩写为 CO）的采收率，以聚合物驱为代表的二元驱采油技术[1,2]目前已在大庆油田进入大规模工业化生产阶段。聚驱采油规模不断扩大，既需要大量的清水配聚，又产生大量污染环境的采出水，而利用采出水配聚则是同时解决这两个问题的有效途径。聚驱采油废水除具有传统采油废水的高温、高矿化度、高含油量和高悬浮物的特点外，还具有其自身的特点：线性阴离子聚丙烯酰胺（APAM）的加入导致水的黏度增大；聚合物的存在又扮演着高分子分散剂的角色，使油在水中更加稳定，增大了油水分离的难度；聚合物会与混凝剂作用，降低混凝剂对油和悬浮物的去除能力；聚合物的吸附作用增加了废水的浊度，使传统水处理工艺的处理难度增大。因此，采用先进的膜处理技术对采油废水进行深度处理，赋予废水新的应用价值后回用，是一种集经济、环境和社会效益为一体的可持续发展道路。

笔者所在的课题组研发了聚驱采油废水回用技术，目前已在大庆油田聚南2-2 联合站进入生产性试验阶段，日处理水量近万吨，处理工艺流程详见 3.1 部分，前段采用生物处理，出水经超滤膜预处理后，再经电渗析除盐，淡水作为回用水，浓水经过纳滤（NF）处理后回用。但膜通量减小、膜孔堵塞和耐用性差等一直是 NF 膜用于聚驱采油废水处理所遇到的基本问题，也是亟待解决的瓶颈问题。

笔者围绕现场 NF 膜的膜污染问题开展了一系列的研究。首先，对现场 NF 设施的长期运行状况进行监测，并对污染 NF 膜进行全面的污染物剖析。然后，根据现场污染膜的主要污染物进行配水试验，分析不同分子量 APAM 对 NF 膜的污染机理、胶体 $SiO_2$ 存在时 APAM 的污染特点以及 APAM 与 CO 的复合有机污染特性。再者，根据膜污染物的类型遴选出合适的清洗方法，并探讨了清洗机理。最后，在 NF 膜制备过程中，添加亲水性聚醚胺分子对聚酰胺 NF 膜进行改性，从而提高 NF 膜处理聚驱采油废水的抗污染性能。

## 1.2 纳滤膜的污染机理研究进展

根据污染物的性质，NF 膜污染物分为三种类型：

① 无机垢（主要是 $BaSO_4$、$CaSO_4$ 和 $CaCO_3$）在膜面沉淀造成的无机污染；

② 工艺过程中的有机物（腐殖酸、蛋白质和多糖）造成的有机污染；

③ 微生物在膜面附着所引起的生物污染。

### 1.2.1 无机污染

当膜面无机离子的浓度超过它的溶度积限值时，无机物将沉淀在膜表面形成无机垢[3]。在 NF 膜表面具有较高结垢潜能的无机盐包括 $CaCO_3$、$CaSO_4$ · $2H_2O$ 和 $SiO_2$，其他具有结垢潜能的无机盐有 $BaSO_4$、$SrSO_4$、$Ca_2(PO_4)_3$、$Fe(OH)_3$ 和 $Al(OH)_3$。由于问题的复杂性，对于给定的进水水质条件和膜系统，目前还没有一种可靠的方法能够对无机垢形成的极限浓度进行准确的预测。膜面形成的无机垢很难被去除，且易造成不可逆的膜孔堵塞和物理破坏，使 NF 膜的性能难以恢复。深入理解成垢机理对避免膜通量衰减有着重要的意义。Hasson 和 Lee[4,5]认为膜通量的下降是由于无机垢在膜面的非均相结晶引起的，而 Pervov[5,6]则认为膜通量的下降是由于主体溶液结晶后在膜面形成晶体沉淀引起的（均相结晶）。很明显，受膜面形态和运行条件的影响，这两种机理是同时存在的。Dydo 和 Alborzfar[7,8]认为，在较低饱和度的情况下，当晶体与膜面的界面能小于晶体与溶液的界面能时，膜面会发生成核现象；当主体溶液由于浓差极化过饱和时，这两种机理会同时发生；氧化铝、无机盐、黏土、砂和生物表面也可以作为结晶的基质。Dydo 等[7]报道声称，硫酸钙沉淀是主体相沉淀而不是膜面沉淀所造成的。Lee 等[5]的研究表明，在膜污染和通量下降过程中，均相沉淀机理比异相沉淀更重要。另外，多种物理和化学因素会影响膜系统的结晶过程，这些参数包括：温度、pH 值、流速、渗透通量、预处理类型、盐浓度和浓差极化，除此之外，天然有机物也会影响结垢的形式。以上这些因素通常会单独或者联合影响无机结晶和随后污染层的形成。

### 1.2.2 有机污染

有机污染能造成 NF 膜的可逆或不可逆通量下降。膜的有机污染受到膜的性质（表面结构和化学特性）、进水的化学性质（离子强度、pH 值、单价和二价离子浓度）、有机物的性质（相对分子质量和极性）、膜面的水力和操作条件（渗透通量、压力、浓差极化和边界层的质量传输特性）的影响，这些因素会增加或降低膜污染的速率。

Tang 等[9]在恒压条件下，对反渗透膜和 NF 膜处理腐殖酸时的通量下降进行研究。在给定的膜类型和进水水质条件下，压力的升高会加快通量下降和污染物累积；同时，存在一个极限通量（超过此通量时，膜通量就会下降），当初始通量大于极限通量时，将会造成严重的膜污染，最后所达到的稳态通量接近极限通量；当初始通量低于极限通量时，通量衰减变得缓慢。一方面，极限通量与膜的性质无关，这是由于膜面被污染物完全覆盖，污染物与膜面已沉积污染物的相互作用处于主导地位；另一方面，极限通量与进水水质相关，高质子浓度、$Ca^{2+}$浓度和背景电介质浓度会使极限通量降低，这是由于这些条件降低了污染物之间的静电斥力作用[10]。Wang 等[11]研究了牛血清白蛋白、溶解酶及它们的混合物对 NF 膜、反渗透膜和超滤膜的污染，结果发现，混合大分子有机物的膜污染行为与典型单一有机污染物不同，特别是当混合污染物的分子间相互作用主导分子内相互作用时。Li 等[12]分析比较了胶体物质和溶解性天然有机物（NOM）的复合污染与胶体物质和溶解性 NOM 单独污染时的通量衰减速率，在复合污染时发现了很强的协同效应，复合污染的通量衰减速率大于胶体物质和溶解性 NOM 单独污染的通量衰减速率之和；对胶体/有机污染层的结构进行微观分析，结果表明，胶体和有机复合污染存在阻碍反向扩散的机理，复合污染的膜通量下降与溶液性质和胶体颗粒尺寸有关。Jin 等[13]采用界面自由能定量描述羧酸钙复合物的形成，并预测膜污染的程度和清洗效果，为定量分析特定离子相互作用对水中胶体稳定性、聚集和沉淀的影响提供了一种方法。Wang[14]等研究了水力条件、溶液性质和膜特性对 NF 膜、反渗透膜和超滤膜蛋白质污染的影响，结果发现，初始通量的大小依赖于膜的性质，光滑亲水且静电斥力较强的膜经历较小的初始污染，但是在第 4 天末时，NF 膜、反渗透膜和超滤膜达到几乎相同的值，通量的大小对膜性质的依赖性较小。近年来，一些学者开展了分子水平的膜污染研究，重点研究了膜污染与分子间相互作用力之间的关系[15,16]，运用热力学的方法开展了膜污染的研究[17-21]，并对膜的极限通量进行了深入的研究[22-25]。另外，还有一些学者开展了腐殖酸、蛋白质、多糖以及复合有机物对 NF 膜污染的研究[26-29]。然而，针对处理聚驱采油废水的 NF 膜的有机污染机理的研究，目前还比较少见。

## 1.2.3 生物污染

膜的生物污染是由细菌、真菌和真核微生物引起的[30]。生物污染是微生物繁殖和生长的动态过程，这将导致生物膜的形成。只有当生物膜的厚度和覆盖率达到一定程度，才会引起 NF/RO 系统的归一化通量下降或归一化压降升高[31]。膜的表面会浓缩微生物的营养源，可以为微生物的生长提供良好的场所。而一些微生物的产物会增强成核和结晶动力，使无机沉淀增强。

## 1.3 纳滤膜污染控制技术研究进展

### 1.3.1 预处理

进水水质的提高能确保膜系统的长期稳定运行，可以通过改变进水的物理、化学和生物性质来降低进水的污染倾向、增长膜寿命和维持膜系统的正常运行[32]。本部分主要介绍常用的进水预处理工艺，以进一步阐明主要的预处理工艺对缓解膜污染的影响和意义。

#### 1.3.1.1 活性炭吸附

吸附是去除水中非极性有机物、天然有机物和新兴污染物的一种重要方法[33]。虽然大多数商用活性炭的吸附容量较低，吸附动力学缓慢，但是因其对水体中浓度较低的疏水有机物的去除能力较强，吸附仍然是一种较完善的处理工艺[34]。不管是颗粒还是粉末形式，不管是单独使用还是与其他预处理工艺合用，活性炭吸附都被认为是一种减缓膜污染的可行方法。Gur-Reznik等[35]采用颗粒活性炭吸附膜生物反应器出水中的溶解性有机物，结果表明，中试颗粒活性炭滤柱能够去除膜生物反应器出水中 80%～90% 主要由疏水和生物可降解组分组成的溶解性有机物，使后续 RO 膜系统的通量稳定，出水水质提高。Kim 等[36]联合使用颗粒活性炭与双滤料滤池来预处理污水处理厂的出水，结果发现，虽然总有机碳（TOC）的去除率高达 75%～90% 但是，由于活性炭去除的是溶解性污染物而不是颗粒污染物，预处理后，RO 膜的通量依然下降严重。在大多数情况下，活性炭滤池会与低压膜过滤联合使用作为 NF/RO 系统的预处理工艺。

#### 1.3.1.2 超滤膜预处理

虽然传统过滤预处理工艺被广泛应用到 NF/RO 处理厂，但是由于藻类暴发或化学污染导致的进水水质恶化会使传统过滤预处理工艺的出水水质发生很大的波动[37]。胶体和悬浮颗粒穿透传统的过滤预处理工艺，造成 NF/RO 膜的不可逆污染。随着膜成本的降低和原水水质的下降，采用大孔膜（例如微滤和超滤）来代替传统过滤工艺是一种可行的措施[38]。其中，超滤（UF）具有较高的渗透通量和较好的污染物截留性能，从而能够保证后续 NF/RO 系统的稳定运行，其被视为最好的替代工艺[38]。地表水中含有大量的有机胶体和悬浮固体，UF 预处理可将 NF/RO 系统进水的浊度降至 0.05 NTU 以下，这对

NF/RO 系统非常有利[39,40]。另外，膜生物反应器对污水处理厂出水中的有机物和颗粒物质具有强的去除能力，这有利于随后的 NF/RO 系统长期保持稳定的通量。Jeong 等[41]采用浸没式膜组合工艺对 RO 膜进水进行预处理，结果表明，浸没式膜耦合混凝-吸附组合工艺可使 RO 膜在有机物去除和极限通量方面获得更好的效果。与传统的多层滤料过滤相比较，UF 对 NF/RO 系统进水中的颗粒和胶体污染物的去除更加有效。虽然膜预处理能够有效改善 NF/RO 膜的进水水质，降低化学清洗的频率，延长膜寿命。但是 UF 膜预处理的一个重要问题是其自身的膜污染问题[42,43]。UF 过程中，表面污染和孔堵塞同时发生，特别是当进水中含有较高的有机物浓度时，会导致膜通量急剧下降和运行成本增加。

### 1.3.1.3 添加化学药剂

（1）酸

在进水中添加酸是一种阻止碳酸钙垢形成的有效的方法。最常用的方法是添加硫酸[44]。当添加硫酸会导致潜在的硫酸钙沉淀时，会选用盐酸。Lai 等[45]发现，由于硫酸盐的溶解度较低，使用盐酸比硫酸效果更好。但是，添加酸会导致其他问题，比如腐蚀、输送和储存的安全问题等。另外，酸对碳酸钙之外的其他无机垢无抑制作用[44]。

（2）阻垢剂

在进水中添加少量的阻垢剂——比如聚电解质、聚磷酸盐和有机磷化合物——来改变溶液的性质是抑制 NF/RO 膜面形成无机垢的一种有效方法[46-48]。有效的聚电解质抑制剂主要是多元羧酸，例如聚丙烯酸、聚甲基丙烯酸和聚马来酸。这些化合物在较低的添加量下就能够延长结晶诱导时间，抑制垢核的形成和结晶的发展。与其他替代方法相比较，添加阻垢剂具有低成本、环境友好和无害等优点。

多数学者将重心放在阻垢剂对无机垢形成的抑制上，而对阻垢剂对有机污染的影响关注较少。Yang 等[49,50]研究了阻垢剂对腐殖质（HA）和牛血清白蛋白（BSA）膜有机污染的缓解，结果发现，在聚天冬氨酸（PASP）存在的条件下，一定浓度范围内的 $Ca^{2+}$ 对污染控制有积极的作用，这是由于通过 $Ca^{2+}$ 的架桥作用形成了水溶性更高的 HA-Ca-PASP 或 BSA-Ca-PASP 复合物。

在阻垢剂使用过程中，还有一些其他情况值得注意。例如，当某些潜在沉淀物的浓度过高时，不推荐使用阻垢剂，这是由于在高盐浓度条件下，沉淀将最终形成，添加阻垢剂已经不能完全阻止沉淀的形成[51]。在高离子浓度条件下，聚丙烯酸阻垢剂会污染膜。聚磷酸盐会水解成正磷酸盐，当过量投加时，可能导致磷酸钙沉淀形成。在铝存在时，即便铝的浓度低至 $100\mu g/L$，也会大大减少硫酸钙的结晶诱导时间，这将降低阻垢剂的效果[52]。另外，阻垢剂的使用会妨碍同一股水流中混凝剂的效果，这是由于混凝剂是阳离子聚合物，其与带负电的阻垢剂会形成更复杂的膜污染物[51]。因此，当混凝和 UF 膜合用作为 NF/RO 系统的预处理工艺时，阻垢剂通常在超滤膜处理之后添加。

虽然阻垢剂在抑制无机垢方面有很大的作用，但是其会改变膜表面的性质并作为微生物的营养源，从而强化 NF/RO 膜面生物膜的生长[53,54]。Vrouwenvelder 等[53]发现，微生物的生长会随着阻垢剂的类型而变化，一些阻垢剂加入后会促进 NF/RO 系统中生物膜的形成，使微生物增长潜力达到正常生长速率的 4～10 倍。Sweity 等[54]研究了阻垢剂对 RO 膜生物污染的影响，结果表明，聚丙烯基阻垢剂可以使膜面更加疏水，从而促进细胞在膜面的附着；而聚磷酸基阻垢剂可以作为微生物生长的磷源，从而加快生物膜的生长速率。因此，合理选择阻垢剂的类型和用量对控制无机污染和避免生物污染有着重要的意义。

（3）消毒剂

通常采用去除微生物生长营养源的方法来限制微生物的生长，或采用消毒剂杀死细菌细胞，以控制 NF/RO 膜的生物污染。去除微生物生长营养源的方法，包括活性炭吸附和膜预处理，已经在以上两个部分介绍。但是去除细菌生长的营养源有时并不能完全阻止生物膜的形成，这是由于细菌可以在很低的营养源环境下长成生物膜。而消毒是杀灭细菌细胞的一种有效方法，通常采用添加强氧化剂，如液氯、次氯酸钠、氯化铵、二氧化氯、臭氧和紫外线辐射的方法来实现。

液氯已被广泛应用在 NF/RO 系统前，以控制微生物的生长。虽然氯化铵和二氧化氯对膜的破坏较小，但是其抗菌效果相对较差且成本较高[55,56]。另外，由于市场上大部分 NF/RO 膜是芳香聚酰胺膜，其耐氯性差，过度氯暴露会通过酰胺基中氮的氯化作用造成膜降解和脱盐率的下降[57-59]。如果采用液氯作为消毒剂，则会在预处理系统的末端采用活性炭滤池或亚硫酸氢钠去除残余的氯[60]，这会使氯在 NF/RO 膜表面没有残留的生物抑制作用。由于臭氧能够和有机污染物的疏水部分（例如腐殖质的苯环）发生反应，并将其转化为更亲水的官能团[61,62]，因此，臭氧氧化被用来缓解 NF/RO 膜的有机污染。但臭氧在含有溴的水中会生成溴酸盐。另外，虽然臭氧和紫外辐射能够实现有效的灭活，但是它们缺乏残余效应[63]。消毒剂会与水中的无机或有机组分反应，生成有潜在毒性的消毒副产物，因此，开发低成本、高效和对膜面结构破坏性小的消毒剂成为当前的研究热点。

## 1.3.2 膜清洗

虽然对膜污染的问题已经开展了大量的研究工作，其中包括进水预处理、优化运行参数和膜改性，但是，膜污染依然不可避免。因此，为了保证膜系统的稳定运行，采用膜清洗来去除膜面污染层是一个必要的工艺。当膜系统产水量下降到预期产水量或跨膜压升至预设值时，就要通过化学清洗来恢复膜通量。膜污染包括可逆和不可逆污染，可逆污染可通过简单的水力清洗恢复，而不可逆污染则需通过化学清洗恢复。不可逆污染的恢复率是膜清洗过程中关心的主要问题，本部分将重点介绍化学清洗。

### 1.3.2.1 清洗剂分类和作用机理

常用的化学清洗剂可分为以下几类：酸、碱、无机盐、金属螯合剂、表面活性剂和商用配方清洗剂[64,65]。清洗剂破坏膜面污染层的机械稳定性可分为两步：

① 化学清洗剂与污染层中污染物之间的化学反应；

② 在水力剪切力的作用下，膜面污染物释放到主体溶液中[64,66]。

由于第②步发生在化学清洗剂弱化污染物与污染物之间的相互作用之后，所以化学清洗的效果依赖于清洗剂的化学反应性，这点已经被界面力的测定所证实。

所选用的化学清洗剂与目标污染物之间要有良好的化学反应，这一点至关重要。例如，酸洗对去除膜面沉淀物 $CaCO_3$ 有效，而碱洗主要用来去除吸附的有机污染物[67]。碱溶液通过对污染层的水解、溶解以及增强带负电的污染物和膜面之间的静电斥力作用，使有机污染物从膜面剥离[67]。金属螯合剂能够从络合有机分子中移除 $Ca^{2+}$，从而破坏污染层的结构稳定性。Li 和 Elimelech[64]发现，乙二胺四乙酸四钠（EDTA-4Na）的清洗效果与清洗剂的 pH 值密切相关，这是由于溶液的 pH 值会影响 EDTA 中去质子化羧基的数量；表面活性剂能够形成胶束来溶解大分子，从而有利于清洗受污染的膜面[64]。而且，Li 和 Elimelech[64]还发现十二烷基硫酸钠（SDS）的清洗效果与其浓度相关，这是由于在较高的浓度条件下，更多的 SDS 分子透入污染层，从而增大污染物之间的亲水斥力导致污染层破坏。Ang 等[68]的研究结果与 Li 和 Elimelech 一致。另外，Lee 和 Elimelech[69]的研究结果表明，无机盐能有效清洗由亲水有机物形成的凝胶层。首先，污染层膨胀，这会降低凝胶层的结构稳定性，随后，$Na^+$ 与污染层中多糖和钙的络合物之间进行离子交换[69]。另外，为解决特定的膜污染问题，通过混合一系列清洗剂的商用配方清洗剂也层出不穷[70]。

### 1.3.2.2 膜清洗过程中存在的问题

化学清洗能有效恢复 NF 膜的通量，但是已有报道表明酸/碱清洗剂会导致膜的亲水性、表面电荷、渗透性和脱盐性能发生较大的变化[71,72]。膜性能的变化主要是由于膜聚合物基质官能团之间增强的静电斥力，以及清洗过程中膜的聚合物层与清洗剂之间的相互作用引起的[70,73,74]。

Simon 等[70,73,74]发现碱洗会改变 NF270NF 膜聚酰胺活性层的构型，导致膜的通量提高和截留性能下降。在碱性溶液条件下，聚酰胺活性层中带负电的羧基官能团之间的静电斥力，导致膜孔隙率增大。当膜片投入运行时，暴露在中性环境中，膜面的羧基官能团质子化，但是膜面以下的活性层会出现滞后的状态。换言之，一个更加开放的膜面结构会导致高的渗透性能和溶质透过率[70]。Espinasse 等[75]发现盐酸对有机物的去除能力较差，而次氯酸钠和 pH 值为 12 的氢氧化钠能够溶解大量的有机碳。但是，如果清洗条件不能很好地控制，次氯酸钠会对膜面结构产生不利的影响。另外，还应重视清洗后的清洗剂作为废液的排放问题。例如 EDTA 排放入水体中，会将有生物毒性的重金属离子从淤泥或土壤中提取出来[76]。

在实际应用中，膜面污染层的成分复杂，因此，通常会采用多种清洗剂同时或者顺序清洗的方法来强化清洗效果。Ang 等[66]研究了不同的清洗方式对被污水处理厂出水污染的 RO 膜的清洗效果，结果发现，采用 pH 值为 12 的氯化钠能够得到最高的通量恢复率（达到 94%）；然而，清洗剂的错误组合会产生相反的效果，导致清洗效果大幅下降[66]。另外，清洗剂浓度的优化能避免其过量投加所造成的对膜的活性层和环境的不利影响，还能够减少膜清洗的成本。Ang 等[77]发现清洗剂的最佳浓度可通过清洗剂浓度与污染物-污染物之间相互作用力减小的百分比得到。

### 1.3.3 膜改性

膜表面的宏观物理化学性质，包括粗糙度、亲水性、表面电荷以及表面官能团对 NF/RO 膜污染的影响很大。以往的研究表明，光滑和亲水的表面对改善膜的抗污染能力非常有利[78]。Tang 等[79,80]分析了 17 种广泛应用的商用 NF/RO 聚酰胺膜的物理化学性质，发现一些商用膜表面存在聚乙烯醇（PVA）亲水涂层。另外，大多数的 NF/RO 膜是在多孔支撑层上通过界面聚合形成超薄的分离活性层而制成，其表面含有大量的羧基和氨基官能团，随着 pH 值的改变，羧基和氨基的质子化状态发生改变，这将决定膜的电荷性质，如果进水含有带负电的有机物或者胶体，高负电荷的膜面能表现出较好的抗污染能力[81]。污染物官能团与膜表面官能团特定的相互作用对有机膜污染的贡献很大，Contreras 等[82]利用自装配的单层研究了有机污染物在 7 种不同的膜面官能团的吸附情况，结果表明，羟基和乙二醇基表面改性能减缓膜污染。之后，Mo 等[83]也发现高膜面羧基密度会导致较强的污染物-膜相互作用力，使膜污染加剧。

膜面改性是一种有效提高膜抗污染能力的方法，大量的科研工作者通过改变 NF/RO 膜表面活性层的性质来提高其抗污染能力，这些方法主要包括：表面涂覆、表面接枝、嵌入亲水单体和纳米颗粒改性。

#### 1.3.3.1 表面涂覆

表面涂覆依赖于膜面的吸附能力，这种方法简单易行。很多科研工作者通过从溶液中物理吸附亲水聚合物来改善 NF/RO 膜的抗污染能力。例如，Louie 等[84]在聚酰胺 RO 膜面涂上一层合成聚酯-聚酰胺嵌段共聚物，保护涂层赋予 RO 膜光滑、中性和亲水的表面，但涂层造成 RO 膜通量的下降。另外，树状大分子表面涂层也能明显降低表面接触角而不影响膜的脱盐率，亲水性的改善和动态梳状拓扑结构增强了膜的抗污染能力[85]。Ishigami 等[86]通过层层自装配将亲水聚电解质沉淀在一种商用 RO 膜表面，结果表明，随着沉淀层数的增加，膜的亲水性和光滑度提高。Yu 等[87]通过在商用 RO 膜表面涂覆天然聚合物丝胶的方法来改善膜的抗污染能力，制得的膜表现出改善的表面亲水性、高的表面负电荷和光滑的表面形态，但是这些都是以牺牲膜的通量为代价的。

通常，用于膜表面涂覆的材料是含有羟基、羧基或者氨基的亲水聚合物，涂层的出现能够显著提高亲水性，改善膜的表面电荷和粗糙度，但是，表面涂层对水渗透附加了一个额外的阻力，会造成膜通量下降。另外，表面涂层仅仅是通过范德华吸引力、氢键或者静电作用吸附在膜表面，在长期的运行和化学清洗过程中，涂层会逐渐流失，膜的抗污染性能也会随之恶化。

### 1.3.3.2 表面接枝

由于工艺简单和成本低，表面接枝也被广泛应用。自由基接枝、光化学接枝、辐射接枝、氧化还原接枝、等离子接枝和化学交联技术被广泛应用于共价连接一些亲水单体到 NF/RO 膜的表面。

Cheng 等[88]通过氧化还原引发 N-异丙基丙烯酰胺接枝聚合，随后将丙烯酸聚合到膜面，过滤牛血清白蛋白溶液的试验结果表明，膜改性能增强膜面的静电斥力和降低牛血清白蛋白分子和膜面的疏水相互作用，进而减缓污染物在膜面的累积。Abu Seman 等[89]通过 UV 引发接枝聚合技术将丙烯酸单体接枝在聚醚砜 NF 膜表面，结果发现，改性后腐殖酸所造成的膜不可逆污染大大降低。另外必须指出的是，UV 的波长对膜聚合物会产生很大的影响，短波（254nm）的高能量可能破坏膜的支撑层，导致聚合物的键断裂和降解。Lin 等[90]通过等离子表面活化将甲基丙烯酸和丙烯酰胺聚合接枝在膜面，聚甲基丙烯酸和聚丙烯酰胺梳状层使 RO 膜面的矿物结垢趋势显著降低。

一些商用 NF/RO 膜表面含有大量的羧基，这些表面活性基团为膜的表面改性提供了可能性。Kang 等[91]通过碳化二亚胺化学交联的方法将两种不同链长的聚乙二醇衍生物接枝在商用 RO 膜表面，与原膜相比，改性膜对含有蛋白质和阳离子表面活性剂的进水具有更强的抗污染能力。纳米颗粒也能够通过化学交联的方法接枝在膜表面，Yin 等[92]利用巯基乙胺作为偶联剂将纳米银颗粒共价接枝在聚酰胺膜面，接枝后的膜表现出更高的水通量和良好的抗菌能力，而膜的脱盐率稍微下降。

虽然接枝改性对提高膜的抗污染能力具有积极的意义，但是不可控的接枝密度、额外的操作步骤以及对膜孔结构的破坏会导致膜性能下降。另外，如果共价键断裂，共价接枝的改性剂就会泄露到水体中。

### 1.3.3.3 嵌入亲水单体

将亲水单体嵌入膜的活性层是一种方便有效的提高膜抗污染能力的方法。Abu Seman 等[93]利用双酚 A 和均苯三甲酰氯（TMC）作为单体制备了一种聚酯 NF 膜，所制备膜在中性的环境中表现出较强的抗腐殖酸不可逆污染的能力。之后，AN 等[94]将 PVA 原位嵌入 NF 膜，随着 PVA 含量的增加，膜面粗糙度下降，膜的亲水性和通量显著提高，而膜的截留率几乎没有改变。Wu 等[95]利用 TMC 和三乙醇胺嵌入 $\beta$-环糊精（$\beta$-CD）制备了一种新型的 $\beta$-CD/聚酯 NF 膜，相对于纯的聚酯膜，这种膜的抗污染能力和通量显著提高。Zhang 等[96]选择单宁酸作为聚酚单体制备了一种新型的 NF 膜，这种膜在抗污染评价中表现出较低的通量下降，在没有经过化学清洗的条件下表现出较高的通量恢复率。嵌入亲水单体能有效改善膜的抗污染性能，但这种方法对膜的热稳定性、机械性能、尺寸稳定性、抗膨胀性能和延展性的影响还需深入探讨。

### 1.3.3.4 嵌入纳米颗粒

纳米颗粒具有较高的比表面积和大量的表面带负电的羟基官能团，这将赋予复合膜一些新的特性，例如热稳定性和抗污染性。近年来，科研工作者结合有机物和无机物的特性开发出多种有机/无机杂化膜来提高有机聚合物的抗污染性。

几种无机材料已经被作为添加剂用在 NF/RO 膜的制作工艺中，包括二氧化钛（$TiO_2$）、二氧化硅（$SiO_2$）、沸石、碳纳米管（CNTs）和纳米银（nAg）。Jeong 等[97]在界面聚合反应的过程中将高岭土分散于聚酰胺薄膜中制备了一种纳米复合膜，在较高的纳米颗粒负荷条件下，改性膜的纯水通量达到未改性膜的 2 倍，而膜的截留率保持不变。Jin 等[98]制备了一种含有 $SiO_2$ 纳米颗粒的复合 NF 膜，改性膜表现出改善的热稳定性、亲水性、渗透性和抗污染能力，而膜的脱盐率保持不变。Vatanpour 等[99]将酸氧化的多壁碳纳米管添加到聚醚砜基质制备了一种混合基质 NF 膜。在相分离的过程中，功能化的碳纳米管迁移到膜面，使膜的亲水性和抗污染能力显著提高。Kim 等[100]制备了一种活性分离层含有 nAg 颗粒的纳米复合膜，与不含有 nAg 颗粒的膜相比，改性膜具有更好的抗吸附和抗菌性能。膜制备过程中无机纳米颗粒和聚合物之间的相容性以及在长期的运行过程中纳米颗粒的泄漏问题对于有机/无机杂化 NF/RO 膜制备仍是一个挑战。

总之，膜改性是通过调整膜面亲水性、表面粗糙度、$\zeta$ 电位和官能团的类型来有效增强其抗污染能力。但是，这些方法通常是以牺牲膜的通量为代价。开发合成新型膜材料来权衡抗污染能力和渗透性之间的关系，将是科学界追逐的一个热点。另外，在长期的运行过程中，膜与改性剂之间通过化学共价连接比物理方法更加稳定，出于应用的考虑，未来的研究应对这种方法给予更多的关注。但是共价连接的改性剂也会因为键断裂泄漏进入产水中，例如，常用的化学清洗剂氯会与改性剂反应造成键断裂，因此，评价改性剂对人体的毒性就显得尤为重要。此外，很多膜改性方法成本高、工艺复杂或者仅处于实验室研究阶段，大规模的应用还比较困难，未来的研究应集中在成本低和工艺简单的改性方法上。

## 1.4 纳滤膜在采油废水处理中的研究和应用

虽然国内外学者对采油废水的处理已经进行了大量的研究，但是针对 NF 膜技术处理采油废水的研究并不多见，而对于聚驱采油废水的 NF 膜污染研究工作就更为罕见。

Su 等[101]采用 UF-NF 组合工艺处理海水，来满足海上油田配聚的要求。结果表明，采用 NF 膜软化海水配聚溶液在地层温度下具有相对较高的黏度和稳定性，能够满足海上油田配聚的要求。因此，UF-NF 组合工艺能够有效解决海上油田软水短缺的问题，可以用以保证持续和稳定的石油生产。Mondal 等[102]采用 NF270、NF90 纳滤膜和 BW30 反渗透膜对美国科罗拉多州的三种采油废水进行处理，出水达到灌溉用水的标准。采用场发射扫描电镜、FTIR 和 XPS 对过滤前后的膜面进行表征，结果表明，过滤后膜面存在有机和无机物质吸附。Alzahrani[103]等采用 NF1NF 膜和 BW30 反渗透膜对采油废水进行处理，并对膜面污染物、污染机理和清洗效果进行了分析。结果表明，多种污染类型同时在膜面发生，包括由少量的 $SiO_2$、铝、铁和垢的化合物所组成的无机污染物；进水中所含的有机物造成有机污染，但有机污染物的类型不明确；多种生物污染物的细菌群落造成严重的生物污染，且生物污染的程度远大于有机污染；利用中性的十二烷基硫酸钠（SDS）对污染膜清洗 15min 可以获得最佳的清洗效果。Zhang 等[104]研究了聚驱采油废水对 NF90 膜的污染，结果表明，膜污染物主要由阴离子聚丙烯酰胺（APAM）、CO 和无机盐组成；阳离子与 APAM 之间的多种相互作用（包括电荷屏蔽、配位作用、分子卷曲和抗垢效应）会加重和减缓膜污染；由于 APAM 与膜面之间的氢键作用和钙的辅助作用，APAM 会与膜面迅速结合，对 CO 污染产生屏蔽效应。Mondal 等[105]采用光致接枝聚合的方法，将聚氮正丙基丙烯酰胺（PNIPAM）接枝在膜表面以提高其处理采油废水的抗污染性能，结果表明，接枝后膜面亲水性提高，脱盐率从接枝前的 7.2% 提升至接枝后的 48.04%，接枝后膜面污染物用温水冲洗后即可去除，但接枝后膜的渗透通量显著下降。

综上，目前采用 NF 对采油废水处理方面的研究，大都关心出水的水质问题，而对膜污染和膜清洗的机理还缺乏有针对性的深入研究。

## 1.5 研究内容与技术路线

现场 NF 设施在处理聚驱采油废水的过程中膜污染非常严重，NF 设施原有的 75％设计回收率已远远达不到，甚至经过频繁的化学清洗（每间隔 3 天一次），其回收率也只能维持在 25％左右；再者，现场 NF 设施原有清洗方法的通量恢复效果不佳，因此探索适合聚驱采油废水污染 NF 膜通量恢复的清洗方法同样迫在眉睫；另外，聚酰胺 NF 膜的表面易受到聚驱采油废水的污染，而膜改性则是改善其抗污染性的一种有效方法。

### 1.5.1 研究意义

目前，关于 NF 膜处理聚驱采油废水的研究还较少，本研究通过对现场长期受污染的 NF 膜进行全面的剖析，从而识别膜面的主要污染物。在此基础上，对 NF 膜的污染机理进行深入分析。对现场 NF 膜进行清洗，遴选出适用于聚驱采油废水污染的 NF 膜清洗工艺，并阐明清洗剂的作用机理。对 NF 膜进行表面改性，获得抗污染性能更好的 NF 膜。本研究可以在保证 NF 膜对聚驱采油废水的处理效果的基础上，为 NF 工艺的优化，NF 膜的化学清洗方法和适合聚驱采油废水的新型 NF 膜的研发提供理论支持，使 NF 膜在处理聚驱采油废水的应用中发挥更大作用。

### 1.5.2 研究内容

针对 NF 膜处理聚驱采油废水的膜污染问题，本研究主要包括以下内容。

① 对大庆油田聚南 2-2 联合站的 NF 系统长期运行情况进行监测，监测项目包括 NF 系统进水、出水水质，膜通量随时间的变化情况，并对现场的两种膜清洗模式的效果进行对比。同时，对污染膜进行全面剖析，以识别膜面主要污染物的性质和含量。

② 根据主要污染物的判定结果，研究污染对 NF 膜的污染机制。主要包括污染物的相对分子质量和胶体 $SiO_2$ 的添加对聚合物污染的影响，以及聚合物和油共存条件下的膜污染特性。通过测定 NF 膜污染过程中的通量和脱盐性能变化，给出膜污染的宏观行为，结合界面热力学分析和分子间相互作用分析，确定膜污染的微观机制。

③ 基于膜面污染物的分子结构和特性，优化清洗药剂，开发高效的膜清洗技术；重点研究了表面活性剂的清洗效果。通过对比清洗前后的膜通量和脱盐率的变化，结合清洗后对膜本身性能的影响，建立了膜清洗的机制。

④ 针对膜污染问题，以亲水性聚醚胺作为添加剂采用界面聚合方法对聚

酰胺 NF 膜表面进行亲水改性，增强 NF 膜处理聚驱采油废水中的抗污染性能；以改性后膜的纯水通量和截留性能为响应值，对聚醚胺的添加量进行优化；接着对改性后的膜进行表征，以确定改性后对膜表面亲水性和形貌的影响；然后对实际聚驱采油废水进行过滤处理，以测定改性后的 NF 膜的抗污染性能和截留性能；最后对聚醚胺在膜面分布的均匀性和长期稳定性进行验证。

### 1.5.3 技术路线

本研究的目的主要是判定聚驱采油废水污染 NF 膜的主要污染物，阐明污染机理，开发高效的清洗技术，并制备抗污染膜，为 NF 膜处理聚驱采油废水中的应用提供理论基础和数据支撑。根据研究目的和内容，制订技术路线，详见图 1.1，并按照以下技术路线展开。

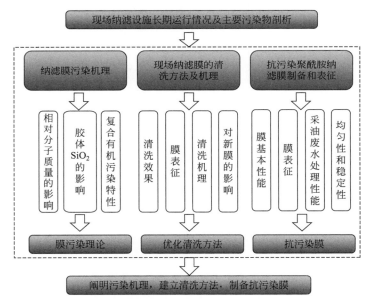

图 1.1　研究的技术路线

（1）监测现场 NF 设施运行状况和判断膜污染物

① 监测现场 NF 设施的通量和压力变化，比较现场清洗模式的清洗效果；

② 剖析膜面污染物，包括污染层形貌、污染负荷、元素组成、有机/无机特性，判定主要污染物。

（2）不同相对分子质量 APAM、胶体 $SiO_2$ 的添加以及 CO 和 APAM 复合有机物对 NF 膜的污染机理

① 考察不同溶液条件下的膜污染行为，包括通量、脱盐率和污染阻力；

② 污染膜表征，包括扫面电镜-能谱、红外光谱、接触角和截留分子量的测定，以区分不同污染条件下的膜污染特点；

③ 采用界面热力学分析和原子力显微镜力曲线测定深入探讨膜污染机理。

（3）遴选适合聚驱采油废水污染 NF 膜的清洗方法，建立机理模型

① 筛选出较好的清洗方法进行长时间的清洗试验，以比通量和比脱盐率为响应值，确定适宜的清洗方法；

② 结合清洗剂的表征、清洗前后的膜表征和膜性质的变化，建立清洗机理模型；

③ 结合表面活性剂对新膜性能（通量和脱盐率）的影响和膜表征，探讨表面活性剂对新膜的影响。

（4）抗污染聚酰胺 NF 膜的制备、表征和处理聚驱采油废水的性能

① 膜的基本性能随聚醚胺添加量的变化，包括通量和截留性能；

② 膜表征，包括接触角、红外光谱、X 射线光电子能谱和形貌表征；

③ 处理聚驱采油废水的性能评价，包括抗污染性能和截留性能。

# 第**2**章

## 试验材料与方法

本章重点介绍现场污染膜剖析、膜污染机理、污染膜化学清洗及抗污染 NF 膜制备和表征试验中所用到的材料设备、水质分析和膜性能测试的方法。

## 2.1 试验材料

### 2.1.1 污染纳滤膜

污染膜剖析和膜清洗试验所用的 NF 膜为现场长期受污染的 NF 膜，取自大庆油田聚南 2-2 联合站的降矿化度处理站的 NF 处理设施。该站采用超滤-电渗析-NF 膜组合工艺（详见 3.1.1 部分）来降低经生物预处理的聚驱采油废水的矿化度，其中 NF 设施采用两段串联过滤的方式来回收电渗析浓水（详见 3.1.2 部分）。现场污染 NF 膜组件为美国 Sepro 公司生产的 NF-1-8040NF 膜，且该膜组件已在现场使用长达 3 年之久。NF-1 膜是一种全芳香聚酰胺复合 NF 膜，其具有三层结构，表层为具有 NF 功能的全芳香聚酰胺活性层，该层由间苯二胺和均苯三甲酰氯通过界面聚合反应生成；中间层为聚砜超滤膜多孔支撑层；底层是为提高膜强度的聚酯无纺布层。采用钢锯将膜组件锯开，并裁剪成 9cm×18cm 的小片，膜片在 4℃的条件下保存备用。NF-1 膜的一般特性[106] 见表 2.1。

表 2.1　NF-1 膜的一般特性[106]

| 项目 | 特性 |
| --- | --- |
| 分离层组成 | 全芳香族聚酰胺 |
| 相对分子质量 | 150～250 |
| 孔径尺寸①/nm | 0.53 |

续表

| 项目 | 特性 |
|---|---|
| NaCl 截留率[②]/% | 90.0 |
| MgSO$_4$ 截留率[②]/% | 99.5 |
| 最高清洗(CIP)温度[①]/℃ | 50 |
| 最高压力[①]/bar[③] | 45 |
| 清洗 pH 值限度[①] | 2～12 |

① 根据产品说明。
② 试验条件：进水压力为 1.03MPa，NaCl 浓度为 2000mg/L，MgSO$_4$ 浓度为 2000mg/L，温度为 25℃。
③ 1bar＝0.1MPa。

### 2.1.2　NF90 膜

膜污染试验所用的 NF90 膜由美国 Filmtec 公司生产，其一般特性见表 2.2。NF90 膜是一种表面无涂层的全芳香聚酰胺复合 NF 膜，其制备工艺和结构与 Sepro 公司的 NF-1 相同，其性能可以与 NF-1NF 膜等效，因此选用 NF90 膜替代 NF-1 膜进行膜污染试验。膜片裁剪成 9cm×18cm 的小片，浸泡在 1％的亚硫酸氢钠溶液中，并在 4℃的条件下保存备用。在进行膜污染试验之前，用大量的去离子水对膜面冲洗以去除残留的浸泡液。

表 2.2　NF90 纳滤膜的一般特性[57,70,74,107]

| 参数 | 特性 |
|---|---|
| 纯水通量/[L/(m² · h · bar[①])] | 10.04 |
| 氯化钠截留率/% | 85～95 |
| 相对分子质量 | 200 |
| 接触角/(°) | 75.56 |
| pH 7 时膜面的 ζ 电位/mV | −10 |
| 均方根粗糙度/nm | 118 |

① 1bar＝0.1MPa。

### 2.1.3　纳滤膜的制备基质

采用美国 Sun 公司生产的聚醚砜（PES30）超滤膜作为制备 NF 膜的基质。PES30 超滤膜为异相膜，采用非溶剂相转换法制备，截留分子量为 30000，表面皮层为过滤层，皮层下为指状大孔层，指状大孔层下为海绵层，底层采用聚酯无纺布作为支撑层。

### 2.1.4　主要试验试剂

试验中所用的主要试验试剂见表 2.3，其中阴离子聚丙烯酰胺（APAM）

由大庆炼化公司生产，相对分子质量为 50 万和 500 万两种，分别记为 50APAM 和 500APAM。APAM 是一种亲水线性聚合物，它在水中具有高的溶解度，可离解基团为—COOH，试验所用的两种相对分子质量的 APAM 的水解度皆为 30%，其结构式见图 2.1。试验中所用的 CO 取自大庆采油五厂，经电脱水后含水率低于 0.5%，使用时未进一步纯化。

表 2.3　主要试验试剂

| 序号 | 试剂名称 | 规格 | 生产厂家 |
| --- | --- | --- | --- |
| 1 | 氯化钠 | 分析纯 | 国药集团化学试剂有限公司 |
| 2 | 无水氯化钙 | 分析纯 | 阿拉丁生化科技股份有限公司 |
| 3 | 柠檬酸 | 分析纯 | 阿拉丁生化科技股份有限公司 |
| 4 | 氢氧化钠 | 分析纯 | 阿拉丁生化科技股份有限公司 |
| 5 | 三聚磷酸钠 | 分析纯 | 阿拉丁生化科技股份有限公司 |
| 6 | 乙二胺四乙酸四钠 | 分析纯 | 阿拉丁生化科技股份有限公司 |
| 7 | 十二烷基苯磺酸钠 | 分析纯 | 国药集团化学试剂有限公司 |
| 8 | 十二烷基二甲基甜菜碱 | 分析纯 | 国药集团化学试剂有限公司 |
| 9 | 十二烷基三甲基氯化铵 | 分析纯 | 国药集团化学试剂有限公司 |
| 10 | 十六烷基三甲基氯化铵 | 分析纯 | 国药集团化学试剂有限公司 |
| 11 | PL-007 | 工业级 | 合肥普朗膜技术有限公司 |
| 12 | Diamite BFT | 工业级 | 美国清力水处理技术有限公司 |
| 13 | 胶体二氧化硅 | 分析纯 | 美国西格玛奥德里奇公司 |
| 14 | 哌嗪 | 分析纯 | 阿拉丁生化科技股份有限公司 |
| 15 | 均苯三甲酰氯 | 分析纯 | 阿拉丁生化科技股份有限公司 |
| 16 | 聚醚胺（ED 2003） | 分析纯 | 美国西格玛奥德里奇公司 |

图 2.1　阴离子聚丙烯酰胺的结构式

## 2.2 试验用水

### 2.2.1 现场水样

现场水样取自大庆油田聚南 2-2 联合站的降矿化度处理站的电渗析浓水。为了防止微生物的生长，现场水样在运输过程中避免光照的影响，收到后便立即冷冻保存。该水样用于所制备 NF 膜的性能评价。

## 2.2.2 试验配水

### 2.2.2.1 母液的配置

APAM 使用前在 105℃条件下烘干过夜，然后称取 10g 干燥的 APAM 粉末溶于 1L 的超纯水，用磁力搅拌器缓慢搅拌 2d 至其溶解完全，制备好的 10g/L 的存储液在 4℃条件下保存备用。

由于 CO 的非极性特征，直接称取 CO 在水中溶解是不可行的，传统的方法是在 CO 中加入表面活性剂以增大其在水中的溶解度，但这种方法会改变油滴本身固有的特性，膜污染试验不能够反映出客观的事实。针对这个问题，本试验采用加热搅拌-超声增溶-过滤的方法，强制 CO 溶解于水中。具体步骤为：

① 将装有 CO 的容器在 60℃条件下加热搅拌 1h，然后在超声清洗仪中超声 1h，如此反复 6 次；

② 撤去浮油，用漏斗和定性滤纸对溶液过滤两次，以去除大颗粒浮油，最终获得含油母液备用。

### 2.2.2.2 膜污染试验进水的配置

将所配置的 APAM 母液倒入去离子水中，使所配制的进水中 APAM 的浓度为 200mg/L。控制进水的总离子强度为 100mmol/L，当进水中只含有 NaCl 时，控制进水中的 NaCl 浓度为 100mmol/L；当进水中同时含有 NaCl 和 $CaCl_2$ 时，控制进水中的 $CaCl_2$ 浓度为 10mmol/L，但总离子强度仍为 100mmol/L；当进水中含有 CO 时，每次配置前，采用石油醚萃取分光光度法测定母液中的 CO 浓度，控制进水中的 CO 浓度为 10mg/L；当进水中含有胶体 $SiO_2$ 时，控制进水中胶体 $SiO_2$ 的浓度为 25mg/L。另外，采用盐酸和氢氧化钠溶液调整进水的 pH 值，将其控制在 7.0 左右。

# 2.3 试验装置和仪器

## 2.3.1 错流纳滤装置

本研究中所用的错流纳滤（错流 NF）装置实物和流程分别如图 2.2 和图 2.3 所示。该装置含有三个相同的聚四氟乙烯矩形错流过滤单元，每个过滤单元的有效过滤面积为 40cm²，过滤腔的有效高度为 0.2cm。进水泵采用不锈钢旋转叶片泵，其最大操作压力为 1.5MPa。通过调节针阀和变频调速器来控制过滤单元内的错流流速和进水压力。通过压力传感器和温度传感器在电子显示屏上显示测试单元的进水压力和水温。渗透水和浓缩水都返回进水料液罐，以保证在整个过滤过程中料液罐内溶液的浓度恒定，料液罐中的水温是通过冷水机/加热棒系统控制温度恒定。在过滤的过程中，采用电子天平和数据收集系统来周期性监测 NF 膜的渗透通量的变化。

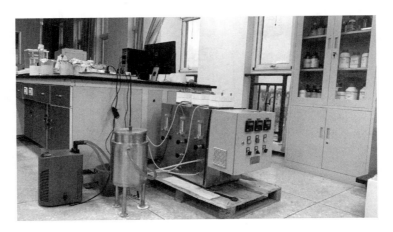

图 2.2 试验室错流 NF 装置实物

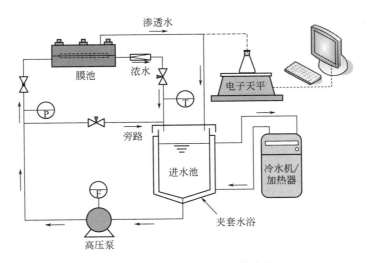

图 2.3 试验室错流 NF 系统流程

Ⓕ—变频调速器；Ⓟ—压力传感器；Ⓣ—温度传感器；▷◁—针阀；

▷◁—截止阀；▱—转子流量计

### 2.3.2 死端纳滤装置

在膜制备试验中，采用死端 NF 系统来评价所制备膜片的处理性能。死端

NF 系统如图 2.4 所示，包含氮气瓶、超滤杯、磁力搅拌器、电子天平和数据收集系统。超滤杯的容积为 400mL，膜片的有效过滤面积为 41.8cm$^2$（膜片直径为 76mm）。通过调节氮气瓶的瓶头阀来控制超滤杯的进水压力，渗透水质量通过电子天平和数据收集系统来获取。

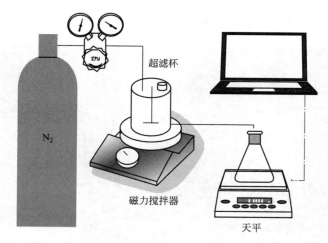

超滤杯

N$_2$

磁力搅拌器

天平

图 2.4 死端 NF 系统示意

## 2.3.3 其他辅助试验仪器设备

试验过程中所使用的其他辅助试验仪器设备见表 2.4。

表 2.4 其他辅助试验仪器设备

| 序号 | 仪器名称 | 规格型号 | 生产厂家 |
|---|---|---|---|
| 1 | pH 计 | FE20 | 瑞士梅特勒-托利多 |
| 2 | 分析天平 | AR224CN | 奥豪斯仪器（上海）有限公司 |
| 3 | 百万分之一克电子天平 | M5X | 瑞士梅特勒公司 |
| 4 | 电热鼓风干燥箱 | DHG-9140A | 上海一恒科学仪器有限公司 |
| 5 | 恒温水浴锅 | HH-SF | 金坛市美特仪器制造有限公司 |
| 6 | 紫外可见分光光度计 | UV-765 | 上海精密科学仪器有限公司 |
| 7 | 超声波清洗机 | DS-5510DTH | 上海生析超声仪器有限公司 |
| 8 | 电导率计 | AL204 | 瑞士梅特勒-托利多 |
| 9 | 微波消解仪 | ETHOS 1 | 意大利迈尔斯通 |
| 10 | 电感耦合等离子发射光谱仪 | Agilent 720ES | 美国安捷伦 |
| 11 | 接触角测定仪 | OCA15EC | 德国 Dataphysics |
| 12 | 傅里叶变换红外光谱仪 | NICOLET 5700 | 美国热电公司 |
| 13 | 扫描电镜-能谱分析仪 | PW 6800/70 | 荷兰飞利浦 |

续表

| 序号 | 仪器名称 | 规格型号 | 生产厂家 |
|---|---|---|---|
| 14 | 场发射扫描电镜-能谱分析仪 | SU8020 | 日本日立 |
| 15 | 原子力显微镜 | MultiMode 8 | 德国布鲁克 |
| 16 | 凝胶渗透色谱仪 | LC 20 AD | 日本岛津 |
| 17 | 纳米粒径电位分析仪 | Zetasizer Nano-Z | 马尔文仪器有限公司 |
| 18 | Zeta 电位分析仪 | SurPASS Zeta | 奥地利安东帕 |
| 19 | 元素分析仪 | Vario EL III | 德国艾力蒙塔 |
| 20 | 总有机碳分析仪 | TOC-L CPH | 日本岛津 |
| 21 | X 射线衍射仪 | D8 Advance X | 德国布鲁克 |
| 22 | X 射线光电子能谱仪 | 5000C ESCA System | 美国 PHI 公司 |

# 2.4 试验方法

## 2.4.1 现场污染 NF 膜膜面污染负荷的测定

从 $400cm^2$ 的污染膜表面刮取污染物，冷冻干燥处理后称重，然后计算出单位面积膜表面的污染负荷。采用灼烧失重法来测定污染物中无机/有机组分的百分比，准确称取 1g 左右冷冻干燥后的膜面污染物，置于马弗炉中在 550℃ 的条件下灰化 6h，将残留的物质冷却后称重，污染物的有机和无机百分比可通过计算得出[108,109]，该试验重复三次。

膜面污染物的提取和分析：采用 pH＝12 且含有 EDTA（10mmol/L）和 SDS（2.5mmol/L）的溶液作为提取液[29]，将 $200cm^2$ 的污染膜片置于 400mL 的提取液中，浸泡 24h 后超声 30min，之后采用淀粉-碘化铬分光光度法[110]和石油醚萃取分光光度法[110]分别测定提取液中 APAM 和 CO 的浓度，再转化为单位面积膜面的污染物负荷。

## 2.4.2 膜污染过程的试验方法

### 2.4.2.1 试验步骤

新膜在进行膜污染试验前至少在去离子水中浸泡 24h。膜污染试验步骤如下。

① 为排除新膜的压实效应对膜污染试验的影响，在膜污染试验前，新膜用去离子水在 1.15MPa 下压实 24h，直至通量恒定，然后测定新膜的纯水通量（$J_{ip}$）。膜片纯水通量的测定条件为：进水压力为 1.15MPa，错流流速为

12cm/s，进水温度为（25±1）℃。

② 用含有 100mmol/L NaCl 的去离子水在 1.15MPa 下过滤 12h，使膜片达到平衡状态。

③ 将含有 NaCl/CaCl$_2$ 和 APAM/CO/SiO$_2$ 的溶液过滤 12h，过滤过程中的操作条件为：初始通量为（47±1）L/（m$^2$·h），错流流速为 12cm/s，总离子强度为 100mmol/L，APAM 和 CO 的浓度分别为 200mg/L 和 10mg/L，胶体 SiO$_2$ 的浓度为 25mg/L，进水温度为（25±1）℃。渗透水的质量通过电子天平和数据收集系统周期性地获取，渗透水的电导率通过电导率仪测定。

④ 污染试验完成后，将进水料液罐排空并装进去离子水，测定污染后膜片的纯水通量（$J_{fp}$），测定条件与新膜一致。

⑤ 用去离子水对污染后的膜片在错流流速为 20cm/s 的条件下冲洗 15min（压力大约为 0.01MPa），将污染膜面疏松的污染物冲洗掉，最后用去离子水测定水力冲洗后污染膜的纯水通量（$J_{cp}$），测定条件与新膜一致。

### 2.4.2.2　膜性能评价

膜片的通量 $J$ 和脱盐率 $R$ 分别通过以下公式计算：

$$J = \frac{V}{At} \tag{2.1}$$

$$R = \left(1 - \frac{C_p}{C_f}\right) \times 100\% \tag{2.2}$$

式中　$V$——渗透液的体积，L；

　　　$A$——膜片的有效面积，m$^2$；

　　　$t$——过滤的时间，h；

　$C_f$，$C_p$——进水和出水的电导率值，$\mu$S/cm。

归一化通量 $N_f$ 和归一化脱盐率 $N_r$ 分别通过以下公式计算：

$$N_f = \frac{J_f}{J_0} \tag{2.3}$$

$$N_r = \frac{R_f}{R_0} \tag{2.4}$$

式中　$J_0$，$J_f$——膜片的初始通量和污染过程中的通量，L/（m$^2$·h）；

　　　$R_0$，$R_f$——膜片的初始脱盐率和污染过程中的脱盐率，%。

### 2.4.2.3　膜阻力和比阻

为评价不同溶液条件下的膜污染行为，采用串联阻力模型[111-114]来计算膜的水力可逆和不可逆污染：

$$R_t = R_m + R_f = R_m + R_{rev} + R_{irr} = \frac{P - \Delta\pi}{\eta J_{fp}} \tag{2.5}$$

$$R_m = \frac{P - \Delta\pi}{\eta J_{ip}} \qquad (2.6)$$

$$R_{irr} = \frac{P - \Delta\pi}{\eta J_{cp}} - R_m \qquad (2.7)$$

$$R_{rev} = R_t - R_m - R_{irr} \qquad (2.8)$$

式中   $P$——进水压力，Pa；

    $\Delta\pi$——渗透压，Pa；由于使用的是去离子水，因此，此处渗透压为0；

    $\eta$——水的动力黏度，Pa·s，25℃时其值为 $0.890 \times 10^{-3}$ Pa·s；

  $R_t$——膜的总阻力，$m^{-1}$；

  $R_m$——膜的固有阻力，$m^{-1}$；

  $R_f$——膜的总污染阻力，$m^{-1}$，其包括水力可逆污染阻力（$R_{rev}$，$m^{-1}$）和水力不可逆污染阻力（$R_{irr}$，$m^{-1}$）。

水力不可逆污染比阻 $\alpha$（m/g）可通过以下公式计算：

$$\alpha = \frac{R_{irr}}{m_{irr}} \qquad (2.9)$$

$$m_{irr} = m_{APAM} + m_{SiO_2} \qquad (2.10)$$

其中，$m_{irr}$（$g/m^2$）为单位面积膜面累积的污染物质量。水力清洗后，污染膜片在40℃的条件下，用 pH=12 的 NaOH 溶液浸泡超声 15min，采用总有机碳分析仪测定清洗液中的总有机碳，并根据标准曲线来确定单位面积膜面 APAM 的累积量（$m_{APAM}$）。采用微波消解法消解洗脱液中的胶体 $SiO_2$，用 ICP-OES 来测定溶液中 Si 元素的浓度，据此来计算单位面积膜面胶体 $SiO_2$ 的累积量（$m_{SiO_2}$）。

#### 2.4.2.4 界面热力学计算

界面自由能由利夫希茨-范德华和酸碱作用能组成[18,19,21]。正的 $\Delta G$ 值代表亲水的程度，负值代表疏水的程度。上标 LW 表示范德华力，上标 AB 表示李维斯酸碱平衡力。

$$\Delta G = \Delta G^{LW} + \Delta G^{AB} \qquad (2.11)$$

界面自由能 $\Delta G$ 可以分成两种类型：黏附能（$\Delta G_{132}$）和内聚自由能（$\Delta G_{131}$），分别代表污染物和膜之间以及污染物之间附着的强度（下标1、2和3分别代表污染物、膜和水）。$\Delta G_{131}$ 和 $\Delta G_{132}$ 分别由式（2.12）和式（2.15）计算。

$$\Delta G_{131} = \Delta G_{131}^{LW} + \Delta G_{131}^{AB} \qquad (2.12)$$

$$\Delta G_{131}^{LW} = -2(\sqrt{\gamma_1^{LW}} - \sqrt{\gamma_3^{LW}})^2 \qquad (2.13)$$

$$\Delta G_{131}^{AB} = -4(\sqrt{\gamma_1^+ \gamma_1^-} + \sqrt{\gamma_3^+ \gamma_3^-} - \sqrt{\gamma_1^+ \gamma_3^-} - \sqrt{\gamma_1^- \gamma_3^+}) \qquad (2.14)$$

$$\Delta G_{132} = \Delta G_{132}^{LW} + \Delta G_{132}^{AB} \qquad (2.15)$$

$$\Delta G_{132}^{LW} = -2(\gamma_3^{LW} + \sqrt{\gamma_1^{LW}\gamma_2^{LW}} - \sqrt{\gamma_1^{LW}\gamma_3^{LW}} - \sqrt{\gamma_2^{LW}\gamma_3^{LW}}) \tag{2.16}$$

$$\Delta G_{132}^{AB} = -2[\sqrt{\gamma_1^+\gamma_2^-} + \sqrt{\gamma_1^-\gamma_2^+} - \sqrt{\gamma_3^+}(\sqrt{\gamma_1^-} + \sqrt{\gamma_2^-} - \sqrt{\gamma_3^-})$$
$$-\sqrt{\gamma_3^-}(\sqrt{\gamma_1^+} + \sqrt{\gamma_2^+} - \sqrt{\gamma_3^+})] \tag{2.17}$$

其中，固体的表面张力参数 $\gamma^{LW}$、$\gamma^+$ 和 $\gamma^-$ 可以根据杨氏方程［式 (2.18)］通过三种已知表面张力参数的探针溶液所测得的表面接触角计算得出。本研究中所采用的三种探针溶液的表面张力参数见表 2.5。

$$(1+\cos\theta)\gamma_1^{TOT} = 2(\sqrt{\gamma_s^{LW}\gamma_1^{LW}} + \sqrt{\gamma_s^+\gamma_1^-} + \sqrt{\gamma_s^-\gamma_1^+}) \tag{2.18}$$

式中　$\theta$——接触角;

　　$\gamma^{TOT}$——总的表面张力，其等于非极性组分 $\gamma^{LW}$ 和极性组分 $\gamma^{AB}$ 之和［式(2.19)］;

$\gamma^+$，$\gamma^-$——$\gamma^{AB}$ 的电子受体参数和电子供体参数，见式(2.20);

　　$\gamma^{LW}$——电动特性。

式(2.18) 中的下标 l 和 s 分别代表液体（即三种已知表面张力参数的液体）和固体（即计算得到的膜和污染物的表面张力参数）。

$$\gamma^{TOT} = \gamma^{LW} + \gamma^{AB} \tag{2.19}$$

$$\gamma^{AB} = 2\sqrt{\gamma^+\gamma^-} \tag{2.20}$$

**表 2.5　探针溶液的表面张力参数**[18,19,21]

| 溶液类别 | $\gamma_1/(mJ/m^2)$ | $\gamma^{LW}/(mJ/m^2)$ | $\gamma^+/(mJ/m^2)$ | $\gamma^-/(mJ/m^2)$ |
|---|---|---|---|---|
| 纯水 | 72.8 | 21.8 | 25.5 | 25.5 |
| 甲酰胺 | 58.0 | 39.0 | 2.3 | 39.6 |
| 二碘甲烷 | 50.8 | 50.8 | 0 | 0 |

#### 2.4.2.5　原子力显微镜的力曲线测量

首先，采用 3-氨丙基三乙氧基硅烷（APTES）对硅片和探针进行硅烷化处理[115,116]，采用 1-乙基-3-(3-二甲基氨丙基)-碳化二亚胺（EDC）和 N-羟基琥珀酰亚胺（NHS）对 APAM 进行活化[117]。然后，将烷基化的硅片和探针浸没在活化的 APAM 溶液中，在室温下进行 1h 的酰胺化反应[115,116]，具体的修饰过程见参考文献 [118]。最后，采用带有 NanoScope V 控制器的 MultiMode 8 原子力显微镜进行力曲线的测量，测量时所采用的溶液条件与膜污染试验一致。

### 2.4.3　污染纳滤膜的清洗和膜性能评价

#### 2.4.3.1　清洗方法

将现场获取的污染膜剪成 9cm×18cm 的小片，将其放入含有 500mL 清洗液的烧杯中浸泡，并用水浴锅将清洗液的温度控制在 40℃。

### 2.4.3.2 清洗效果评价

膜片清洗后采用大量的去离子水冲洗以去除残留在膜片上的清洗剂。污染膜片清洗前后分别采用错流 NF 装置测定膜片的通量和脱盐性能。通量和脱盐率的测定条件为：进水 NaCl 浓度为 1000mg/L，进水压力为 1.15MPa，错流流速为 6cm/s，进水温度控制在（25±1）℃。进水和出水中 NaCl 的浓度通过电导率的测量和相应的标准曲线获得。膜片的通量和脱盐率分别通过式(2.1)和式(2.2) 计算。

比通量和比脱盐率分别通过以下公式计算：

$$S_f = \frac{J_c}{J_0} \tag{2.21}$$

$$S_r = \frac{R_c}{R_0} \tag{2.22}$$

式中　$J_0$，$J_c$——膜片清洗前后的通量，$L/(m^2 \cdot h)$；

　　　　$R_0$，$R_c$——膜片清洗前后的脱盐率。

### 2.4.3.3 截留分子量测定

截留分子量是评价 NF 膜孔径大小的重要参数[119]。通过分离中性溶质来确定现场受污染 NF 膜清洗前后截留分子量的变化。本研究采用错流 NF 装置分别过滤含有丙三醇、聚乙二醇 200、聚乙二醇 300、聚乙二醇 400 和聚乙二醇 600 的去离子水，来测定膜片对其截留能力。测试条件为：进水中性溶质的浓度为 200mg/L，进水压力为 1.0MPa，错流流速为 12cm/s，进水温度控制在（25±1）℃。进水和出水中的总有机碳采用总有机碳分析仪测定。膜片截留率（$R$）的计算公式如下：

$$R = \left(1 - \frac{C_p}{C_f}\right) \times 100\% \tag{2.23}$$

式中　$C_f$，$C_p$——进水和出水中总有机碳的浓度，mg/L。

最后，将截留率为 90% 所对应的分子量确定为膜片的截留分子量。

## 2.4.4 纳滤膜的制备和处理聚驱采油废水的性能评价

### 2.4.4.1 制备步骤

本研究中 NF 膜的制备具体步骤如下：

① 将聚醚砜支撑层用双面胶粘贴在玻璃板上，皮层朝上，然后夹在聚四

氟乙烯板框的中间；

② 将含有哌嗪和聚醚胺的水相溶液倾倒于聚醚砜超滤膜面；

③ 浸泡 90s 后，将多余的水相溶液倾倒掉；

④ 用橡胶棒将残留的水相溶液驱赶干净；

⑤ 将含有均苯三甲酰氯的正己烷溶液倾倒于超滤膜面；

⑥ 界面聚合反应发生 30s 后，将多余的有机相溶液倒掉；

⑦ 将膜片放入烘箱，在 60℃ 的条件下使 NF 膜的聚酰胺层结构稳定 20min；

⑧ 取出制备好的 NF 膜，并用大量的去离子水冲洗以去除残留的溶剂，置于去离子水中 4℃ 保存备用。

### 2.4.4.2　所制备纳滤膜的性能评价

（1）基本性能评价

基本性能评价的具体步骤如下：

① 在 0.3MPa 的跨膜压下过滤去离子水 2h，直至通量稳定，以消除因膜压实效应对膜通量衰减的影响，测定膜片的纯水通量；

② 将超滤杯的去离子水置换为 1000mg/L 的氯化钠溶液，在 0.3MPa 的跨膜压下过滤 2h，使膜片达到平衡状态；

③ 将膜片取出后，采用大量的去离子水冲洗，再安装于超滤杯中，将超滤杯的盐水置换为 1000mg/L 的氯化钠或硫酸镁溶液，调整跨膜压为 0.3MPa，转子转速为 300r/min，将最先获取的 10mL 渗透液取样，以测定渗透液的电导率值。

所制备膜片的纯水通量（$J$）和脱盐率（$R$）分别通过以下公式计算：

$$J = \frac{V}{At} \tag{2.24}$$

$$R = \left(1 - \frac{C_p}{C_f}\right) \times 100\% \tag{2.25}$$

式中　$V$——渗透液的体积，L；

　　　$A$——膜片的有效面积，m²；

　　　$t$——过滤的时间，s；

　$C_f$，$C_p$——进水和出水的电导率，$\mu$S/cm。

（2）处理聚驱采油废水的性能评价

采用现场 NF 设施的进水来评价所制备 NF 膜的处理性能，试验装置见图 2.4，具体步骤如下。

① 在 0.3MPa 的跨膜压下过滤去离子水 2h，直至通量稳定，以消除因膜压实效应对膜通量衰减的影响。

② 将超滤杯的去离子水置换为 1000mg/L 的 NaCl 溶液，在 0.3MPa 的跨

膜压下过滤 2h，使膜片达到平衡状态。

③ 将超滤杯的盐水置换为 350mL 的聚驱采油废水，调整跨膜压为 0.3MPa，转子转速为 300r/min，过滤聚驱采油废水，直到收集的滤液体积达到 300mL 为止，将最先获取的 10mL 渗透液取样，以测定渗透液中的总有机碳和无机离子的含量。在过滤过程中，当渗透液每累积 20mL，采用电子天平和数据收集系统记录膜的通量。

④ 将超滤杯内剩余的聚驱采油废水用 300mL 的去离子水置换，在转速为 300r/min 的无压条件下，水力冲洗膜面 15min 后，再次重复步骤③。

膜污染过程中的归一化通量（$N_f$）通过以下公式计算：

$$N_f = \frac{J_f}{J_0} \tag{2.26}$$

式中　$J_0$，$J_f$——膜污染开始时膜片的初始通量和膜污染过程中膜片的通量，
$L/(m^2 \cdot h)$。

## 2.5 水质与仪器分析方法

### 2.5.1 水质分析方法

水样的 pH 值和电导率分别采用 pH 计和电导率计测定。水样中阳离子和硅元素的浓度采用电感耦合等离子发射光谱仪测定。用酸碱滴定法来测定水样中碳酸氢根和碳酸根的浓度。氯离子的浓度采用硝酸银滴定法测定。APAM 的浓度采用淀粉-碘化铬分光光度法[110]测定。采用石油醚萃取分光光度法测定水样中 CO 的浓度[110]。

### 2.5.2 仪器分析方法

#### 2.5.2.1 扫描电镜-能谱分析

采用扫描电子显微镜与能谱分析（SEM-EDX）对膜进行形貌观察和元素含量分析。样品分析流程如下。

① 样品干燥：将待分析的膜片在室温下干燥至恒重。

② 断面处理：需要进行截面观察的样品在液氮中脆断。

③ 样品喷金：样品粘贴在 SEM 分析专用的单晶硅台上，用 SCD005（BAL TEC）型镀膜仪对样品表面进行喷金处理，处理时间为 380s。

④ 将处理好的样品置于 SEM-EDX 设备中进行观察分析，设定不同的放大倍率观察样品形貌并拍照保存。

### 2.5.2.2 原子力显微镜形貌扫描

利用原子力显微镜对膜的表面形态进行观察，它是通过微悬臂探针与样品表面之间的原子力变化情况来获取样品的表面信息，其分辨力远超 SEM，不对样品进行其他处理即可在空气或液态环境中获得样品表面的 3D 形貌图，且能同时获得膜面的孔径分布、结瘤尺寸和粗糙度等表面信息。常用的扫描方式有 3 种：非接触模式、接触模式和轻敲模式。本研究采用的是轻敲模式，扫描面积为 $5\mu m \times 5\mu m$。

### 2.5.2.3 傅里叶变换红外光谱分析

红外光谱是一种分子吸收光谱。当样品受到频率连续变化的红外光照射时，分子吸收某些频率的辐射，使对应于这些吸收区域的透射光强度减弱；仪器记录下红外光的百分透射比与波数的关系曲线，就得到了红外光谱。本研究利用傅里叶变换红外光谱仪和衰减全反射附件（ATR-FTIR）对等新膜和污染膜进行分析。通过对比膜污染前后的红外谱图，来分析污染前后膜面所含有的化学基团的变化，判定膜污染物的类型和污染程度。粉末样品则是通过溴化钾压片法制备，样品的红外吸收光谱通过 OMNIC 软件采集和分析。

### 2.5.2.4 电感耦合等离子发射光谱分析

采用电感耦合等离子体发射光谱仪（ICP-OES）来测定液体水样中无机离子的含量。对于水样，在测样前需加入硝酸，然后在电热板上将水样中的有机物消解后再进行 ICP-OES 测定；对于膜清洗液，在测样前需对清洗液进行微波消解处理，其操作方法与固体样品一致；对于膜面刮取的固体污染物样品则应通过预处理后再进行 ICP-OES 测定。固体粉末样品预处理的预处理流程见图 2.5，步骤如下：

① 膜面刮取的污染物在冷冻干燥机中冷冻干燥 24h，以去除样品中的水分；

② 将冷冻干燥后的污染物样品置于马弗炉中，在 550℃ 的条件下灰化 6h；

③ 准确称取 0.1g 左右的灰化污染物，置于聚四氟乙烯消解罐中，在 5mL 硝酸、2mL 氢氟酸和 1mL 双氧水中阶段升温微波消解 50min；

④ 将透明消解液稀释至 50mL。

### 2.5.2.5 接触角测定

采用光学接触角测量仪测量膜面接触角。试验方法如下。剪取尺寸为 $1cm \times 8cm$ 的膜片，放入温度为 37℃ 的鼓风干燥箱中，干燥至膜片恒重。将干燥后的膜片用双面胶粘在玻璃片上，然后采用悬滴法测量其表面接触角。同一膜片取 10 个以上不同的点位进行测量，去掉最大值和最小值，取其他数值的平均值作为最后的结果。APAM 接触角的测定方法为：将 5mL 浓度为 10g/L

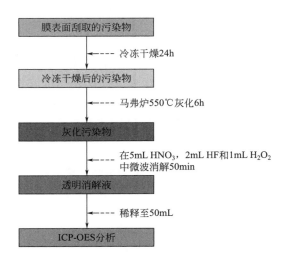

图 2.5 ICP-OES 分析的固体粉末样品的预处理流程

的 APAM 母液滴在玻璃载玻片上，然后置于温度为 37℃ 的鼓风干燥箱中烘干过夜，之后采用悬滴法测定，测量方法与膜片一致。

### 2.5.2.6 Zeta 电位和粒径分析

试验中采用英国马尔文公司生产的 Zetasizer Nano-Z 纳米粒径电位分析仪测定表面活性剂、APAM、CO 在不同溶液条件下的 ζ 电位和粒径分布。测量过程中表面活性剂的浓度为 1mmol/L，APAM 的浓度为 200mg/L，CO 的浓度为 10mg/L。采用 Malvern Zetasizer 7.11 软件进行数据的采集和分析。

膜片的 ζ 电位采用 SurPASS 动电位分析仪测定，测量时采用的背景电解质浓度为 10mmol/L 的 NaCl，pH 值为 7.0±0.1，温度为（25.0±1.0）℃。

### 2.5.2.7 凝胶渗透色谱分析

凝胶渗透色谱又称分子排阻色谱，主要用于高分子聚合物的相对分子质量分级分析以及相对分子质量分布测试。本研究采用 LC-20AD 凝胶渗透色谱仪分析水样中溶解性有机物的相对分子质量分布情况，操作条件为：流动相为超声处理后的超纯水，流速为 0.5mL/min，样品分析时间为 25min，炉温 40℃，自动进样。

### 2.5.2.8 CNS 元素分析

本试验测定的样品为冷冻干燥后的固体粉末，研磨处理后颗粒粒度＜200目。用百万分之一克电子天平称取 10mg 样品后，用专用的锡囊包好后放入燃烧管中。采用 CNS 模式进行分析，输入操作温度为：炉 1 为 1150℃，炉 2 为 850℃。

### 2.5.2.9 X射线衍射分析

X射线衍射分析（XRD）是利用晶体形成的X射线衍射对物质进行内部原子在空间分布状态的结构分析方法。将具有一定波长的X射线照射到晶体性物质上时，X射线因在结晶内遇到规则排列的原子或离子而发生散射，散射的X射线在某些方向上相位得到加强，从而显示与结晶结构相对应的特有的衍射现象。

试验中使用D8 Advance X-射线粉末衍射仪，分析膜表面污染物的晶体类型，具体操作条件如下：Cu Kα放射源，$\lambda = 0.154$nm；$2\theta$扫面范围为$10°\sim90°$；扫描速率为$0.2°/s$。

### 2.5.2.10 X射线光电子能谱分析

本试验采用X-射线光电子能谱（XPS）分析膜片或粉末表面的各元素相对含量比例。仪器为美国PHI公司的PHI 5000C ESCA System；采用条件为铝/镁靶，高压14.0kV，功率250W，真空优于$1 \times 10^{-8}$ Torr（1Torr＝133.32Pa）。采用美国RBD公司的RBD147数据采集卡和AugerScan3.21软件分别采集样品的$0\sim1200$（1000）eV的全扫描谱（通能为93.9eV），而后采集各元素相关轨道的窄扫描谱（通能为23.5eV或46.95eV），并采用AugerScan3.21软件进行数据分析。以C1s＝284.6eV为基准进行结合能校正。采用XPSPeak4.1软件进行分峰拟合。

# 第3章

# 纳滤设施运行情况与污染膜剖析

石油对现代文明的重要性众所周知。目前我国大部分油田（如胜利油田和大庆油田）已进入中后期生产阶段。聚合物［即阴离子聚丙烯酰胺（APAM）］驱采油技术的应用有效地提高了 CO 的采收率[1,2]，在此过程中大量使用清水和排放废水，会引起严重的缺水问题。例如大庆油田每天约有高达 300 万立方米的含有 APAM 的采油废水产生[118]。由于纳滤（NF）工艺具有较高的水通量和对溶解固体、有机物和胶体物质的截留，被认为是油田废水中有效降低矿化和去除有机残留物（满足质量要求）的一种很有前途的技术[102-104,120]。利用深度处理后的废水制备聚合物溶液，有望解决由清水消耗和废水排放引起的经济和环境问题。

与其他膜基分离工艺［如超滤（UF）[121,122]，电渗析（ED）[110]，正向渗透[123,124]］一样，膜污染是制约 NF 系统高效运行的主要问题，这会导致膜性能恶化，增加操作成本[64]。膜污染物可分为四大类：无机垢、胶体或微粒物质、有机物和微生物。据报道，膜系统中无机垢的形成是通过两种极端机制的结合发生的：表面结晶和主体结晶[125]。被膜截留的胶体和颗粒物质可以形成一个密集的污染层，导致额外的过滤阻力。有机污染物与膜表面的相互作用以及有机污染物自身之间的相互作用是有机污染物污染的主要原因。微生物在膜表面附着和生长导致生物膜的形成，生物膜是由嵌入细胞外聚合物基质中的微生物细胞组成的。虽然已经尽很大的努力减轻膜污染，包括进水预处理[35,45,126]、运行参数优化[127]和膜表面改性[128-131]，膜污染仍然不可避免。

为了更好地了解和控制膜污染的物理化学过程，可对污染膜的污染物进行剖析。采用电感耦合等离子体质谱（ICP-MS）、气相色谱/质谱（GC-MS）、傅里叶变换红外光谱（FTIR）和 X 射线衍射（XRD）等多种分析方法对膜表面的主要污染物进行鉴定。然而，不同的水源水质会导致不同的污染情况[109]。例如，有报道称用于废水回用和海水淡化的反渗透膜污染层组成存在显著差异[108]。对于 NF 膜处理含有复杂的有机和无机成分[110,122]的油田废水[132]，很少有研究关注于对污染物识别的报道。因此，为给膜污染机理分析提供合理的依据，本研究对油田废水污染的 NF 膜进行了广泛的表征和化学分析。

本章的具体目标如下：

① 监测 NF 系统在油田废水降矿化度处理过程中的长期运行情况；

② 比较两种清洗模式的清洗效率；

③ 确定 NF 膜表面的主要污染物成分；

④ 提出 NF 膜在油田废水处理过程中的潜在污染机理。研究结果对预测和控制油田废水深度处理过程中的 NF 膜污染具有一定的应用前景。

## **3.1** 现场纳滤设施长期运行情况

### 3.1.1 总工艺流程介绍

聚驱采油废水降矿化度处理厂位于大庆油田聚南 2-2 联合站内，总处理能力为 9800t/d，其工艺流程见图 3.1。前段采用生物预处理，生物预处理出水储存于 1500m³ 的 UF 缓冲罐，经水泵和压差过滤器后，进入第一级循环 UF 膜系统，回收率为 60%，经过循环 UF 膜之后的浓水进入第二级循环 UF 膜，回收率为 50%，第二级剩余的浓水全部排入浓缩水池。循环 UF 膜组的总回

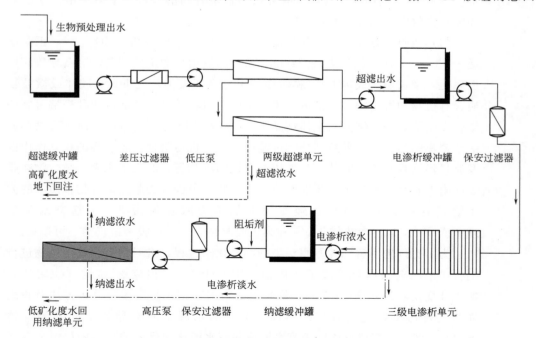

图 3.1 聚驱采油废水脱盐处理厂工艺流程

—— 各工艺的进水；------ 高矿化度水；—·—· 低矿化度水

收率为 80%。UF 出水进入三级电渗析系统，电渗析的淡水直接进入低矿化度水池，浓水和极水一部分回流，另一部分进入 NF 处理单元。NF 单元的主要作用是处理来自电渗析的浓水，提高整个系统的回收率。NF 浓水排入高矿化度水池，清水则排至低矿化度水池回用。电渗析和 NF 单元的总回收率为 72%。

### 3.1.2 纳滤设施工艺流程与水质状况

现场 NF 设施的工艺流程见图 3.2（见彩插）。NF 系统的主要功能是回收电渗析系统产生的浓水，以提高整个集成膜系统的产水率。NF 系统能够处理 1350m³/d 的电渗析浓水，并含有浓水回流以提高 NF 系统的回收率至 75%。由于膜污染，NF 系统的通量下降显著，原本 75% 回收率的运行目标难以实现。即使经过频繁的化学清洗（每 3 天一次），NF 系统最多也只能以 25% 的回收率运行。本研究中用于膜污染物剖析和清洗试验的污染 NF 膜组件已经运行了大约 3 年。

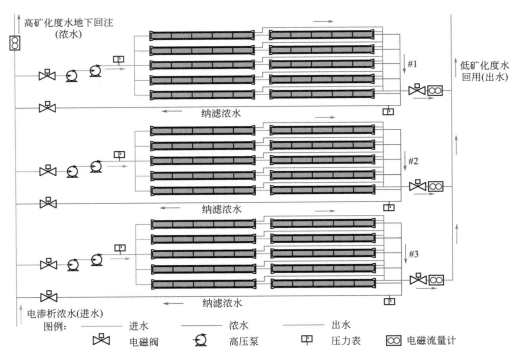

图 3.2 现场 NF 设施工艺流程

在进入 NF 系统之前，向电渗析浓水中投加了阻垢剂，并通过 5μm 孔径的保安过滤器过滤。NF 系统的进水压力大约是 1.5MPa。该系统采用典型的 2 级串联结构设计，每个压力容器包含 5 支 8″（20.32mm）膜组件（Sepro，NF-1，美国）。因此，整个 NF 系统共含有 150 支膜组件。

NF 系统每 3 天进行一次化学清洗。首先用 0.5% 盐酸溶液冲洗膜组件，然后将组件浸泡在溶液中 90min。然后用 PL-007（一种含有碱性和阴离子表面活性剂的商用清洗剂）冲洗膜组件，再用该清洗剂浸泡 90min。原位清洗（CIP）运行期间施加的最大进水压力为 0.6MPa。最后设施在投入运行前用渗透液（从进水侧）冲洗两次。

NF 系统的进水和渗透水水质参数如表 3.1 所示，其范围是长期运行中随机选取 7 个水样的测量值。与进水相比，渗透水的 pH 值降低。一般情况下，NF 膜能够有效截留水中的多价阳离子（例如 $Mg^{2+}$、$Ca^{2+}$、$Fe^{3+}$ 和 $Al^{3+}$，见表 3.1），基于电荷平衡，渗透水中的质子浓度升高[133,134]，从而导致渗透水的 pH 值降低。渗透水中的溶解性总固体（TDS）低于 1000mg/L，符合油田配聚水的水质标准[104]。NF 膜对单价离子（如 $Na^+$、$K^+$）的截留率在 90% 以上，而对多价阳离子（如 $Mg^{2+}$、$Ca^{2+}$、$Fe^{3+}$、$Al^{3+}$）的截留率接近 100%。渗透水中未检测到 APAM，说明大分子 APAM 不易通过小于 1nm 的 NF 膜孔[83,106]。渗透水中 CO 浓度在 0.25~0.31mg/L，表明有低分子量的烷烃[135]通过 NF 膜孔。

**表 3.1　现场 NF 设施的进水、浓水和出水水质特征**

| 水质参数 | 进水 | 浓水 | 出水 |
| --- | --- | --- | --- |
| pH 值 | 8.67~8.74 | 8.66~8.71 | 7.68~7.84 |
| 电导率/($\mu$S/cm) | 7300~8520 | 9430~11180 | 422~563 |
| 总溶解固体/(mg/L) | 5385.8~6767.1 | 7429.6~8851.3 | 203.9~358.6 |
| 碱度/(mg/L,以 $CaCO_3$ 计) | 2702.7~3218.3 | 3578.6~4379.4 | 67.6~155.2 |
| 硬度/(mg/L,以 $CaCO_3$ 计) | 55.80~69.52 | 70.29~86.70 | — |
| Na/(mg/L) | 1276.9~1893.9 | 1904.7~2422.0 | 55.0~87.2 |
| K/(mg/L) | 13.3~19.5 | 18.9~25.0 | 0.73~0.94 |
| Ca/(mg/L) | 13.1~15.6 | 15.5~19.3 | — |
| Mg/(mg/L) | 5.6~7.7 | 7.6~9.2 | — |
| Ba/(mg/L) | 6.1~7.2 | 6.9~8.6 | — |
| Fe/(mg/L) | 0.45~0.83 | 0.58~1.01 | — |
| Al/(mg/L) | 0.13~0.38 | 0.08~0.21 | — |
| Si/(mg/L) | 9.14~9.48 | 11.39~13.68 | — |
| $Cl^-$/(mg/L) | 1024.7~1219.6 | 1329.6~1639.5 | 61.9~85.0 |
| $HCO_3^-$/(mg/L) | 2745.0~3239.1 | 3568.5~4605.5 | 82.4~189.1 |
| $CO_3^{2-}$/(mg/L) | 252.2~336.0 | 360.0~450.0 | — |
| $SO_4^{2-}$/(mg/L) | 10.3~27.6 | 19.8~38.3 | — |
| APAM/(mg/L) | 101.1~117.9 | 132.4~177.8 | — |
| CO/(mg L) | 0.53~0.64 | 0.54~0.97 | 0.25~0.31 |

注：1. 表中的"—"表示未检出；

2. 表中给出的数值为 7 个水样的范围值，采样时间为 2015.4.3~2015.4.6。

### 3.1.3　膜性能

　　NF 系统的长期通量变化如图 3.3(a) 所示。NF 系统的平均通量从 0d 的 4.0L/(m² · h · MPa) 降至 480d 的 3.0L/(m² · h · MPa) 左右，说明 NF 膜的化学不可逆污染逐渐增强。如图 3.3(b) 所示，NF 系统的长期截留性能相对稳定，系统的渗透水电导率在 200～700μS/cm 之间变化，这满足油田配聚水的水质标准[104]。

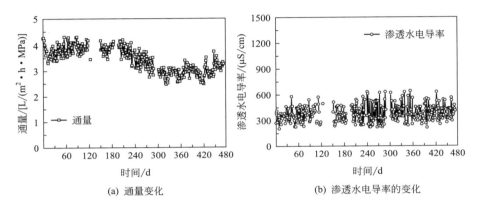

(a) 通量变化　　　　　　　　(b) 渗透水电导率的变化

图 3.3　NF 系统的长期运行性能

图中的数据是整个 NF 系统（包括图 3.2 中的 ♯1、♯2 和 ♯3）的平均值

### 3.1.4　两种清洗模式的效果比较

　　由于膜污染，NF 系统必须进行化学清洗。图 3.4 为两种清洗模式下 NF 系统渗透通量的变化情况。图 3.2 中的 ♯1 和 ♯2 设施分别进行酸/PL-007@ PL-007/酸和 PL-007/酸@酸/PL-007 清洗程序，结果分别如图 3.4(a) 和 (b) 所示。如图 3.4(a) 所示，在酸/PL-007 清洗后，♯1 设施的通量没有明显变化，仍维持在约 3.3L/(m² · h · MPa)，而在 PL-007/酸清洗后，♯1 设施的通量从 2.5L/(m² · h · MPa) 增加到 3.2L/(m² · h · MPa)。同样，如图 3.4(b) 所示，经过 PL-007/酸洗后，♯2 设施的通量从 3.0L/(m² · h · MPa) 显著增加到 3.8L/(m² · h · MPa)，而经过酸/PL-007 清洗后，♯2 设施的通量仅从 3.1L/(m² · h · MPa) 增加到 3.3L/(m² · h · MPa)。这些结果表明 PL-007/酸程序的清洗效率高于酸/PL-007 程序的清洗效率，原因可能是商业清洗剂（即 PL-007）含有碱和阴离子表面活性剂，碱性环境可使膜表面上的污染物（即 APAM）去质子化并导致污染层变疏松，该试剂中的阴离子表面活性剂对膜表面的 CO 具有较强的去除能力[121,132]，这有利于有机物包封的无机污染物的暴露，随后的酸洗可以更有效地去除无机污染物。

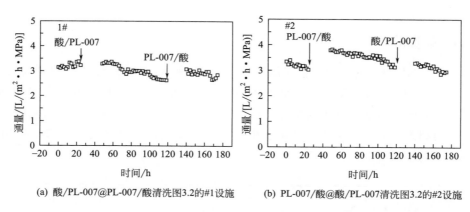

(a) 酸/PL-007@PL-007/酸清洗图3.2的#1设施　　(b) PL-007/酸@酸/PL-007清洗图3.2的#2设施

图 3.4　两种清洗模式的清洗效果比较

在 ICP-OES 分析前，对两种清洗模式的清洗溶液进行微波消解，ICP-OES 分析结果如表 3.2 所列。两种清洗模式中，酸性溶液中无机元素的含量均高于 PL-007 溶液，而有机物（即在 PL-007 溶液中的 CO 和 APAM）明显高于在酸性溶液中。结果表明，酸性清洗剂对无机污染物的去除效果较好，而 PL-007 对有机污染物的去除效果较好。此外，PL-007/酸清洗模式的酸洗溶液中无机元素（Mg、Ca、Fe、Al 和 Si）的含量明显高于酸/PL-007 清洗模式的酸洗溶液的含量，这证实了上述推断，即 PL-007 清洗有助于提高后续酸洗去除无机污染物的效果。

表 3.2　两种清洗模式清洗后的清洗溶液成分分析　　单位：mg/L

| 清洗溶液种类 | | Mg | Ca | Fe | Al | Si | CO | APAM |
|---|---|---|---|---|---|---|---|---|
| 酸/PL-007@PL-007/酸清洗＃1 设施 | 酸 | 0.23 | 1.35 | 2.32 | 0.52 | 3.01 | 2.53 | 59.17 |
| | PL-007 | 0.57 | 5.29 | 1.6 | 0.4 | 2.58 | 32.71 | 460.4 |
| | PL-007 | — | — | 2.16 | 0.16 | 3.73 | 60 | 462.8 |
| | 酸 | 2.02 | 33.16 | 3.94 | 0.68 | 3.03 | 4.74 | 34.88 |
| PL-007/酸@酸/PL-007 清洗＃2 设施 | PL-007 | 0.19 | 2.31 | 2.69 | 0.53 | 3.16 | 68.64 | 523.6 |
| | 酸 | 3.93 | 35.62 | 4.36 | 0.63 | 4.32 | 3.25 | 32.85 |
| | 酸 | 1.93 | 2.34 | 2.46 | 0.56 | 3.26 | 2.89 | 52.86 |
| | PL-007 | 0.86 | 6.96 | 1.89 | 0.35 | 2.89 | 40.26 | 476.3 |

## 3.2　现场纳滤膜污染物剖析

经过频繁的化学清洗，残留在膜面的不可逆污染物的性质是决定膜通量大小的关键因素[121]，对膜面残留污染物进行识别是合理分析膜污染机理和正确选择膜清洗剂的关键。因此，本部分将重点分析和讨论各种表征和分析方法的结果，对膜面不可逆污染物的成分进行全面的剖析。

## 3.2.1 扫描电镜-能谱分析

典型污染 NF 膜的 SEM 图像如图 3.5(a) 所示，污染层几乎完全覆盖膜表面，全芳香聚酰胺 NF 膜固有的"叶状"表面形貌[136]不可见。对污染层隆起区域的 EDX 元素分析 [图 3.5(b)] 表明，污染层中存在一定数量的 Na、Mg、Ca、Fe、Al 和 Si 元素。在污染层的平坦区域 [图 3.5(c)]，可以观察到 Na、Ba、Ca、Fe、Al、Si 等无机元素的微弱信号。污染膜的横断面图像如图 3.5(d) 所示，EDX 光谱中未检测到明显的无机峰，说明支撑层未发生无机污染。污染膜的 EDX 元素分析结果如表 3.3 所列。

表 3.3 污染膜的 EDX 元素分析结果

| 元素 | 百分比/% | | |
| --- | --- | --- | --- |
| | b | c | d |
| C | 75.16 | 69.90 | 77.99 |
| O | 17.79 | 16.26 | 14.16 |
| S | — | — | 7.85 |
| Na | 1.18 | 2.88 | — |
| K | — | 0.49 | — |
| Cl | — | 1.28 | — |
| Ca | 1.54 | 0.51 | — |
| Mg | 0.18 | — | — |
| Ba | — | 1.45 | — |
| Fe | 1.29 | 1.69 | — |
| Al | 0.41 | 1.19 | — |
| Si | 2.46 | 4.35 | — |

注：表中 b、c、d 表示样品取自图 3.5(b) 中加框的区域。

## 3.2.2 原子力显微镜形貌表征

新 NF90 膜（a）和现场受污染的 NF 膜（b）的原子力显微镜（AFM）表面形貌见图 3.6。相对于新膜，长期受污染后 NF 膜表面的"锯齿状"结构已不可见，由于污染物的累积，膜表面的"凹坑"逐渐被填平，显得更加平滑。表 3.4 给出了新 NF90 膜和污染的 NF-1NF 膜的表面粗糙度值，包括均方根粗糙度（$R_q$）、平均粗糙度（$R_a$）、最大粗糙度（$R_{max}$）和表面积差值（SAD）。可以看出，污染后膜面的 $R_q$、$R_a$ 和 $R_{max}$ 值都有所增大，而 SAD 值从 74.5% 下降到 45.6%，这是由于污染物的累积使膜面的"凹坑"逐渐被填平，减小了膜面的表面积差值。

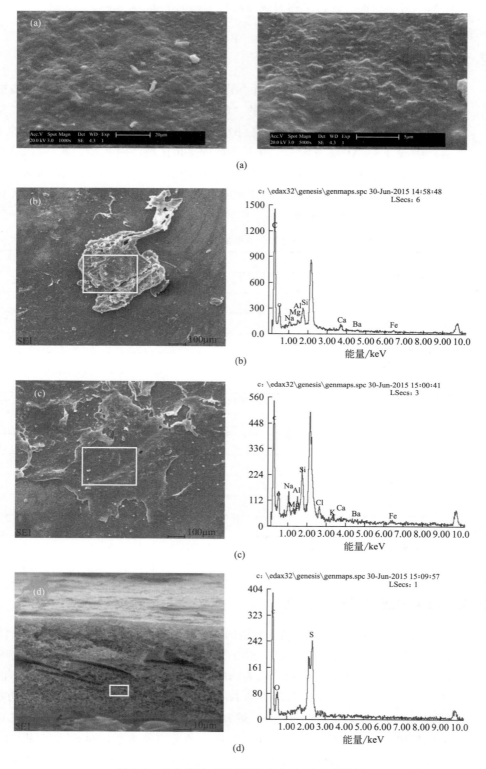

图 3.5  污染膜的 SEM 图和对应的 EDX 能谱图

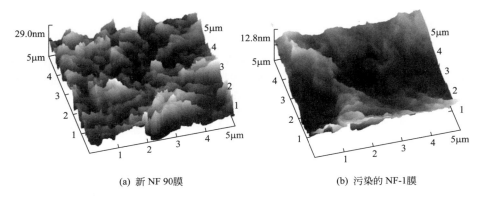

(a) 新 NF 90膜          (b) 污染的 NF-1膜

图 3.6 AFM 表面形貌

**表 3.4 新 NF90 膜和污染的 NF-1 膜的表面粗糙度值**

| 膜类型 | $R_a$/nm | $R_q$/nm | $R_{max}$/nm | SAD/% |
|---|---|---|---|---|
| 新 NF90 膜 | 93.7 | 118 | 710 | 74.5 |
| 污染 NF-1 膜 | 138 | 165 | 1009 | 45.6 |

### 3.2.3 污染物负荷

污染膜的污染物负荷如图 3.7 所示。冻干后污染物的干重为 940.8mg/m²。CO 和 APAM 的污染负荷分别为 320.1mg/m² 和 492.7mg/m²。通过灼烧失重（LOI）对有机/无机组分的分析结果表明，膜表面的污染物主要是有机污染物（占干重的 86.3%），污染物中的无机组分仅占总质量的 13.7%，即有机污染物是 NF 膜污染的主要问题。

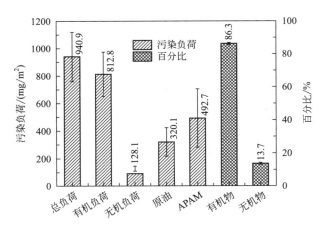

图 3.7 污染膜的污染物负荷

### 3.2.4 分子量分布

NF 系统进水和膜面有机物的相对分子质量分布如图 3.8 所示。进水和污染物中有机物的相对分子质量分布的峰值分别位于 600 000 和 2 000 000，这表明与具有低相对分子质量的 APAM 相比，具有高相对分子质量的 APAM 更易于在膜表面积累，进水中有机物的相对分子质量在膜污染中起到关键作用。

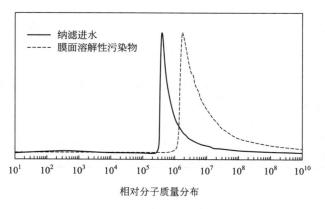

图 3.8　NF 系统进水和膜面有机物的相对分子质量分布

### 3.2.5 化学分析

从膜表面分离出的污染物典型 FTIR 谱如图 3.9(a) 所示。3250cm$^{-1}$ 和 1630cm$^{-1}$ 处的峰值分别代表了酰胺 Ⅱ 的—NH 伸缩振动和酰胺 Ⅰ 的 C=O 伸缩振动，这是 APAM 的特征键[110]。在 2924cm$^{-1}$、2854cm$^{-1}$、1459cm$^{-1}$、1379cm$^{-1}$ 和 720cm$^{-1}$ 处的吸收峰值与脂肪烃类 CH$_3$—(CH$_2$)$_n$—CH$_3$（其中 $n$ 为 3 或更大）中的键有关，表明污染层中存在 CO[137]。1042cm$^{-1}$ 处的显著峰值可归因于 Si—O 键的伸缩振动[138]，表明存在 SiO$_2$ 污染。

与 EDX 光谱分析不同，ICP-OES 分析可以提供污染层中无机元素的平均含量。ICP-OES 分析的无机元素含量结果如图 3.9(b) 所示，污染物的无机成分主要由 Na、Mg、Ca、Fe、Al 和 Si 组成。与其他元素相比，Si 在污染层中的含量较高（39.62mg/g），这与 EDX 的分析结果一致。尽管进水中 Al 和 Fe 的含量相对较低（分别在 0.08~0.21mg/L 和 0.45~0.83mg/L），但它们在无机污染物中所占的比例高于二价元素（即 Ca 和 Mg），这是由于相对于二价离子，它们与膜表面和 APAM 分子的羧酸根的配位能力更强[83,139]。这些结果表明，去除多价元素，特别是 Al、Fe 和 Si，是控制 NF 膜污染的关键。

冷冻干燥后污染物的 XRD 谱图如图 3.9(c) 所示（见彩插）。在 27.3°、

31.7°、45.5°、53.8°、56.4°、66.2°和 75.2°处的 $2\theta$ 峰是 NaCl 的特征峰。在
20.8°、26.7°、36.5°、39.5°、40.3°、42.5°、45.8°、50.1°、59.9°和 68.1°处
的 $2\theta$ 峰是 $SiO_2$ 的特征峰[140]。这些结果表明，污染物中的无机晶体主要由
NaCl 和 $SiO_2$ 组成。图 3.9(d) 给出了污染物的 XPS Si2p3 窄谱（见彩插）。
根据 XPS 标准光谱，103.9eV 处的结合能对应于 $SiO_2$ 的特征峰[140]。因此，
Si 在污染层中以 $SiO_2$ 的形式存在。其他无机元素的峰值由于其含量低而无法
识别。

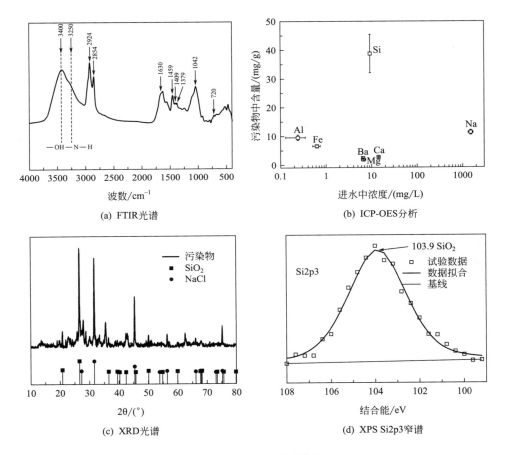

(a) FTIR光谱　　(b) ICP-OES分析

(c) XRD光谱　　(d) XPS Si2p3窄谱

图 3.9　污染物的化学分析

基于以上讨论，初步提出了 NF 膜在油田废水处理中的污染机理。具有高
分子量的亲水性 APAM 可通过氢键和多价离子（Ca、Fe、Al）桥接 APAM
分子与聚酰胺 NF 膜表面的羧酸根基团[64,122]。同时，这些键也可以在 APAM
分子之间发生，这使得凝胶层更致密和紧凑[104]。此外，含有烷烃的疏水性
CO 可以通过疏水作用黏附到聚酰胺膜表面的苯环和 APAM 分子的非极性烃
链上，从而在污染层中产生 CO 和 APAM 分子的混合物。此外，累积的
APAM 分子可以作为 $SiO_2$ 沉积的位点[138]并进一步加剧膜污染。

### 3.2.6 CNS 元素分析

NF 进水、浓水、出水和膜面污染物的 CNS 元素分析结果见表 3.5。可以看出，相对于 NF 进水，NF 浓水中的 C、N 和 S 元素的含量都有所提高，分别由 10.89%、0.423% 和 0.789% 提高到 11.18%、0.427% 和 0.829%，这是由于 NF 截留了进水中的有机物组分造成的。NF 出水中的 S 元素含量为 0.618%，这部分 S 元素可能来自 CO 中的含 S 成分，其在过滤过程中透过了聚酰胺 NF 膜。另外，膜面污染物中的 C、N 和 S 元素远高于进水中的含量，表明进水中的有机成分，主要包括 APAM 和 CO，在膜面发生了累积。

**表 3.5 NF 进水、浓水、出水和膜面污染物的 CNS 元素分析结果**

| 样品 | C 含量/% | N 含量/% | S 含量/% |
| --- | --- | --- | --- |
| 进水 | 10.89 | 0.423 | 0.789 |
| 浓水 | 11.18 | 0.427 | 0.829 |
| 出水 | 6.960 | 0.071 | 0.619 |
| 膜面污染物 | 48.14 | 2.163 | 1.152 |

注：百分比为质量百分比。

## 3.3 启示和建议

尽管 UF 预处理（图 3.1）的目的是减少 NF 进水中 APAM 和 CO 的量，但它在去除多价离子和 $SiO_2$ 方面无效。此外，小部分 APAM 和 CO 仍然通过 UF 屏障，随后与多价离子和 $SiO_2$ 一起导致严重的 NF 膜污染。然而，没有针对 Al、Fe 和 Si 去除的特定预处理工艺。因此，优化现有的预处理策略或开发成本有效的工艺以保证从 NF 系统的进水中消除 Al、Fe 和 Si 至关重要。

研究结果为进一步研究油田废水降矿化度处理中的 NF 膜污染机理提供了重要的数据基础。特别值得注意的是，本研究有意义的发现如下：进水和膜表面有机物相对分子质量的差异（见图 3.8），污染物中主要有机成分（APAM 和 CO），污染层中 APAM、无机元素（如 Na、Mg、Ca、Fe、Al）和 $SiO_2$ 共存。后面将重点研究不同相对分子质量 APAM 对 NF 膜的污染特性，由 APAM 和 CO 引起的复合有机污染特性以及 APAM 与金属离子或胶体 $SiO_2$ 的相互作用对 NF 膜污染的影响。

## 3.4 本章小结

本研究对 NF 系统处理油田废水进行了长期性能监测，并对污染 NF 膜进行了综合分析。由于膜污染，NF 系统在长期运行过程中通量逐渐下降。基于通量恢复率，PL-007/酸的清洗效率优于酸/PL-007 的清洗效率。膜污染物剖析结果表明，NF 膜表面污染的有机污染物主要由 APAM 和 CO 组成，占总污物干重的 86.3%。与低相对分子质量的 APAM 相比，高相对分子质量的 APAM 更容易在膜表面积聚。在污染层中，无机元素主要包括 Mg、Ca、Fe、Al 和 Si，其中 Si 以 $SiO_2$ 的形式存在。根据剖析结果，有机污染物与无机物结合是导致 NF 膜通量下降的原因。

# 第 4 章

# 纳滤膜处理聚驱采油废水的膜污染机理

在第 3 章中，对现场 NF 膜面的主要污染物进行了全面的剖析，结果发现，阴离子聚丙烯酰胺（APAM）和 CO 是膜面的主要有机污染物，膜面上有机污染物的相对分子质量远大于 NF 设施进水中有机物的相对分子质量。另外，笔者还发现，无机污染物主要由元素 Ca、Fe、Al 和 Si 组成，其中 Si 元素以 $SiO_2$ 的形式存在于污染层中。因此，本章将重点研究 APAM 的相对分子质量对 NF 膜污染的影响，$SiO_2$ 胶体对 APAM 造成的 NF 膜污染的影响以及 CO 和 APAM 的复合有机污染特性。

## 4.1 APAM 相对分子质量对纳滤膜污染的影响

APAM 是一种线性的水溶性高分子聚合物，主要用于各种工业废水，如电镀废水[141,142]、冶金废水[143,144]、洗煤废水[145]、选矿废水[146]、污泥脱水废水[147,148]以及饮用水[149-152]等的絮凝沉淀和澄清处理。由于 APAM 的分子骨架中存在着一定数量的极性官能团，悬浮在水中的固体颗粒可以通过桥接或电性中和被 APAM 吸附，形成较大的絮体[149-151]，从而加速颗粒沉降。此外，在石油开采过程中，APAM 还被当作一种增加溶液黏度的添加剂[132]，以提高 CO 采收率。虽然 APAM 用途广泛，但是在其应用过程中会产生大量含有高浓度的聚合物和盐的 APAM 废水[122,153]。其中，高盐度给含 APAM 废水的回用处理带来了巨大的挑战。NF 工艺因其操作简单、脱盐性能良好、能耗低和环境友好等优点，被认为是一种回收含 APAM 废水的优越技术[104]。UF 技术通常作为 NF 的预处理工艺，然而，由于不可逆的膜污染，UF 渗透液中残留的 APAM 增加了 NF 处理的难度[104]。因此，研究 APAM 的污染行为对 NF 技术的可持续应用具有重要的实用价值。

试验研究了预处理（吸附或氧化）[154-156]、膜表面性质（结构或化学)[27,157]、进水理化性质（温度、pH 值、总离子强度、二价离子含量）[158-160]、操作条件（错流速度、压力、渗透通量）[161,162] 等因素对膜污染的影响。研究发现，有机污染物的相对分子质量（MWs）对膜污染也有显著影响。高相对分子质量的可溶性微生物产物（SMP）是膜生物反应器渗透性降低的主要原因[163]。同样的，高相对分子质量化合物引起的凝胶层形成是造成 NF 膜通量下降的主要原因[164]。此外，天然有机物（NOM）中 MWs 较大的组分堵塞孔隙、形成污染层，导致 UF 膜通量下降[165,166]。然而，也有研究表明[167,168]，低相对分子质量的 NOM 组分是造成 UF 膜污染的主要原因。因此，MW 的影响还有待进一步研究。此外，不同相对分子质量的 APAM 对 NF 膜的污染机理，尤其是定量的微观相互作用机制，尚未被深入研究。

已有研究报道了扩展的 Derjaguin-Landau-Verwey-Overbeek（XDLVO）理论，该理论与水介质中的 Lifshitz-van der Waals（LW）、Lewis acid-base（AB）和双电层相互作用有关，通过定量评估非共价界面相互作用可以更好地预测膜污染[158,169,170]。此外，原子力显微镜（AFM）结合羧基修饰的胶体探针通常被用来量化污染物-膜和污染物-污染物相互作用力，以便全面研究组分之间的微观相互作用。通过测定污染物-膜和污染物-污染物的相互作用力，进而探索膜污染程度与相互作用力之间的关系[171-175]。

本研究采用 XDLVO 理论探讨了膜污染与两种不同 MWs 的 APAM 的界面自由能之间的关系。考虑到含盐废水中不存在长程静电相互作用，所以推断 LW 相互作用、AB 相互作用以及钙-羧酸复合物（如果进水中存在 $Ca^{2+}$）控制了 APAM 对 NF 膜的污染。鉴于膜污染与水溶液中离子的组成相关[171-175]，本研究还考虑了进水中离子组成的差异。另外，由于聚合物的相对分子质量（如 APAM）相对较高，NF 膜孔径较小（约<1nm）[83]，所以 APAM 引起的膜污染主要以表面污染的形式存在[104]，而堵塞孔隙引起的膜污染可以忽略不计。因此，本研究采用 AFM 与单分子 APAM 探针相结合的新方法，通过测定 APAM-膜和 APAM-APAM 的微观力曲线，探讨了在含盐废水脱盐过程中不同 MWs 的 APAM 对 NF 膜污染行为的影响。

本部分的具体目标如下：探究 APAM 的 MWs 对 NF 膜性能的影响；分析 APAM-膜的界面黏附能和 APAM-APAM 的界面内聚自由能；阐明 APAM-膜/APAM 的分子间相互作用；讨论膜污染行为与界面自由能及分子间相互作用的关系。研究成果有利于为 NF 膜在含 APAM 废水脱盐过程中的膜污染预测和控制提供参考依据。

## 4.1.1　膜性能和污染阻力

### 4.1.1.1　膜性能

APAM 的相对分子质量和金属离子对通量的影响如图 4.1(a) 所示。加入

Na 后，50APAM 造成的归一化通量（$N_f$）损失在整个污染周期内可以忽略不计，而 500APAM 造成的 $N_f$ 损失在过滤结束时下降了 22.3%。在 APAM 溶液中加入 $Ca^{2+}$ 后，50APAM 和 500APAM 造成的 $N_f$ 损失分别增加到 14.8% 和 33.3%。相同的溶液条件下，500APAM 比 50APAM 的通量下降更严重，这可能是由于 500APAM 更容易发生链纠缠，从而在污染层中形成相互穿插的聚合物网络结构。添加 $Ca^{2+}$ 后的 $N_f$ 损失高于添加 Na 后的 $N_f$ 损失，分析推断是 $Ca^{2+}$ 对 APAM 羧酸根具有配位相互作用和电性中和作用，加剧了膜污染。

NF 膜的表观盐截留率随 APAM 的相对分子质量的变化而变化，如图 4.1（b）所示。过滤完成时，50APAM 和 500APAM 的归一化表观盐截留率（$N_r$）值分别提高至 1.03 和 1.07，而 $Ca^{2+}$ 的添加对 $N_r$ 的影响很小。与原膜相比，污染膜的 ζ 电位略有降低（见图 4.6），这表明表观盐截留率的增加并不能归因于 Donnan 排斥效应的增强。在驱动压力作用下，APAM 分子链被转移到膜表面，通过 APAM—膜和 APAM—APAM 相互作用（如氢键、疏水吸引和分子间纠缠），增强了膜与 APAM 分子之间的碰撞，从而在膜表面逐渐形成污染层，增强了尺寸筛分效应，降低了金属离子（即 $Na^+$ 和 $Ca^{2+}$）的对流传质，从而提高了表观盐截留率。与 50APAM 相比，500APAM 具有更高的 $N_r$，原因可能是更强的分子间纠缠导致污染层更密实，进而增强了尺寸筛分效应。

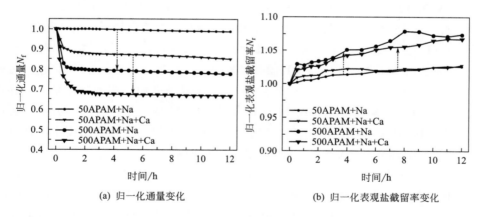

(a) 归一化通量变化    (b) 归一化表观盐截留率变化

图 4.1　50APAM 和 500APAM 污染 NF 膜的性能变化

注：污染试验的条件为：初始通量为（47±1）L/(m²·h)；初始表观盐截留率为 88.0%±1.3%；进料溶液中含有 200mg/L APAM，10mmol/L $CaCl_2$（如果存在），总离子强度为 100mmol/L（NaCl＋$CaCl_2$）；错流速度为 12cm/s；pH 值为 7.0±0.1；温度为（25±1）℃。需要注意的是，污染试验后的通量和表观盐截留率分别由初始通量和初始表观盐截留率归一化

#### 4.1.1.2　污染阻力

APAM 的相对分子质量对 NF 膜的污染阻力和比阻的影响如表 4.1 所列。

NaCl 存在的情况下，500APAM 引起的 $R_{irr}$ 值高于 50APAM，表明 500APAM 引起的不可逆污染趋势更为严重。50APAM 膜表面的 $m_{irr}$ 值低于 500APAM。相应地，500APAM 的 $\alpha$ 值相比于 50 APAM 增加了两倍，由此推断 500APAM 的污染层更加密实[176]。CaCl$_2$ 存在时，污染阻力和比阻也出现了类似的现象。需要注意的是，对于 50APAM 和 500APAM，添加 CaCl$_2$ 时的 $R_{irr}$ 值、累计污染物质量和 $\alpha$ 水平均高于添加 NaCl 时的。这表明当向 APAM 溶液中加入 CaCl$_2$ 时，会出现更严重的不可逆污染和更密实的污染层[11,29]。这种现象的产生归因于 Ca-APAM 复合物的形成和 Ca$^{2+}$ 对 APAM 的羧酸根更有效的电性中和作用。

表 4.1 不同 MWs 的 APAM 对 NF 膜的污染阻力和比阻的影响

| 溶液 | $R_t \times 10^{13}$ /(m$^{-1}$) | $R_{rev} \times 10^{13}$ /(m$^{-1}$) | $R_{irr} \times 10^{13}$ /(m$^{-1}$) | 累积污染物质量 ($m_{irr}$)/($\mu$g/cm$^2$) | 比阻($\alpha$)$\times$ 10$^{12}$/(m/g) |
|---|---|---|---|---|---|
| 50APAM+Na | 4.94 | 0.066 | 0.0815 | 43.29 | 1.88 |
| 50APAM+Na+Ca | 4.89 | 0.082 | 0.63 | 242.67 | 2.59 |
| 500APAM+Na | 3.89 | 0.0042 | 0.34 | 90.27 | 3.73 |
| 500APAM+Na+Ca | 4.44 | 0.23 | 1.15 | 298.36 | 3.86 |

## 4.1.2 APAM 的 ζ 电位和粒径分布

图 4.2(a) 给出了不同溶液条件下 50APAM 和 500APAM 的 ζ 电位变化（见彩插）。在纯水中，两种相对分子质量的 APAM 的 ζ 电位较高，分别为 −31.0mV 和 34.5mV；在 Na 溶液条件下，两者的 ζ 电位均有所下降，分别降至 −15.1mV 和 −15.8mV；在 Na+Ca 溶液条件下，两者的 ζ 电位又进一步下降，分别降至 −13.7mV 和 −13.5mV。这是由于 APAM 分子本身带有较高的负电荷（羧酸根离子），当加入 NaCl 或 CaCl$_2$ 后，这些离子通过压缩双电层或吸附电中和作用[177]，屏蔽 APAM 的羧酸根离子，导致 ζ 电位下降。

图 4.2(b) 给出了不同溶液条件下，50APAM 和 500APAM 的粒径变化（见彩插）。在纯水中，50APAM 和 500APAM 的粒径分别集中在 68.1nm 和 106nm；在 Na 溶液条件下，两者粒径均有所下降，分别降至 58.8nm 和 91.3nm；在 Na+Ca 溶液条件下，两者粒径再次变大，分别升至 342nm 和 531nm。这是由于在纯水中，在羧酸根离子之间的静电斥力作用下，APAM 单分子链伸展；当 NaCl 加入后，通过压缩双电层或吸附电中和作用，分子间静电斥力减弱，APAM 分子链发生卷曲，旋转半径减小；当 CaCl$_2$ 加入后，Ca$^{2+}$ 通过配位作用桥接 APAM 羧酸根，形成大尺寸的 APAM-Ca 络合物，导致粒径增大。

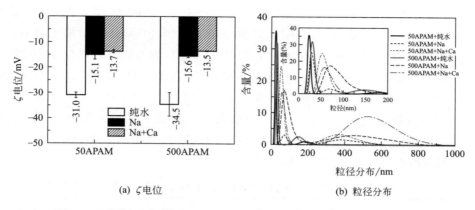

(a) ζ电位

(b) 粒径分布

图 4.2  不同溶液条件下 50APAM 和 500 APAM 的 ζ 电位和粒径分布

## 4.1.3  膜表征

### 4.1.3.1  扫描电镜-能谱分析

图 4.3 给出了新膜、50APAM 和 500APAM 污染后的膜面 SEM 图。对于新膜，全芳香聚酰胺 NF 膜膜面固有的"叶片状"结构清晰可见 [见图 4.3(a)]。对于 50APAM，在 Na 溶液条件下，膜面受到一定程度的污染，但是污染物之间结合得比较疏松 [见图 4.3(b)]，因此，并没有造成明显的膜通量下降 [图 4.1(a)]；在 Na＋Ca 溶液条件下，膜面已完全被污染物覆盖，NF 膜固有的"叶片状"结构不可见 [见图 4.3(c)]，膜通量下降明显 [图 4.1(a)]。对于 500APAM，在 Na 溶液条件下，膜面受到一定程度的污染，与图 4.3(b)相比较，膜面污染物之间黏结得更加紧密 [见图 4.3(d)]，引起的通量下降也更加明显 [图 4.1(a)]；在 Na＋Ca 溶液条件下，膜面已完全被污染物覆盖，与图 4.3(c) 相比较，污染层显得更加致密 [见图 4.3(e)]，造成膜通量急剧下降 [图 4.1(a)]。

表 4.2 给出了新膜、50APAM 和 500 APAM 污染后膜面的 EDX 能谱分析结果。在 Na 溶液条件下，与新膜相比，50APAM 和 500APAM 污染后，膜面的 O 元素含量明显升高，由 8.4％（新膜）分别升高至 12.5％和 12.7％；O 元素主要来源于 APAM 的—COOH 和—CONH$_2$—，表明 APAM 在膜面附着。在 Na＋Ca 溶液条件下，膜面 O 元素的含量由新膜的 8.4％分别升高至 50APAM 污染后的 27.0％和 500APAM 污染后的 27.4％，同样是由于 APAM 在膜表面大量累积所造成的。另外，50APAM 和 500APAM 污染后，膜面检测到了 Ca 元素，表明 Ca$^{2+}$ 与 APAM 协同对膜造成污染。值得注意的是，50APAM 污染后，膜面 Ca 元素的含量为 0.5％，而 500APAM 污染后，膜面

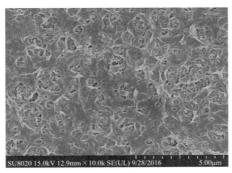

(a) 新膜

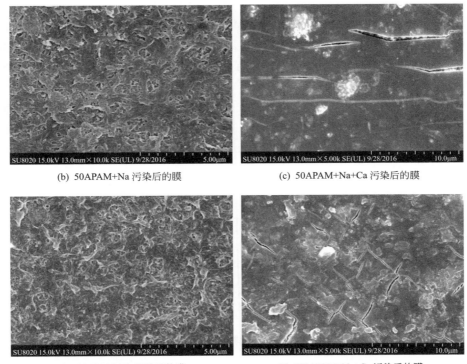

(b) 50APAM+Na 污染后的膜　　　　　　(c) 50APAM+Na+Ca 污染后的膜

(d) 500APAM+Na 污染后的膜　　　　　(e) 500APAM+Na+Ca 污染后的膜

图 4.3　新膜、50APAM 和 500APAM 污染后的膜面 SEM 图

注：其中（a）为新膜，（b）为 50APAM＋Na 污染后的膜，（c）为 50APAM＋Na＋Ca 污染后的膜，
（d）为 500APAM＋Na 污染后的膜，（e）为 500APAM＋Na＋Ca 污染后的膜。

Ca 元素的含量为 1.3%，主要原因是 500APAM 含有更多可参与配位作用的羧酸根点位，与 $Ca^{2+}$ 的络合能力更强。

表 4.2　新膜、50APAM 和 500 APAM 污染后膜面的 EDX 元素分析结果

| 元素 | 百分含量/% | | | | |
|---|---|---|---|---|---|
| | 新膜 | 50APAM＋Na | 50APAM＋Na＋Ca | 500APAM＋Na | 500APAM＋Na＋Ca |
| C | 86.4 | 82.9 | 58.5 | 81.8 | 61.1 |
| O | 8.4 | 12.5 | 27 | 12.7 | 27.4 |

续表

| 元素 | 百分含量/% | | | | |
|---|---|---|---|---|---|
| | 新膜 | 50APAM＋Na | 50APAM＋Na＋Ca | 500APAM＋Na | 500APAM＋Na＋Ca |
| N | 2.4 | 1.8 | 12.6 | 2.6 | 7.8 |
| S | 2.8 | 2.7 | 1.3 | 2.8 | 2.1 |
| Na | — | 0.2 | 0.1 | 0.2 | 0.4 |
| Ca | — | — | 0.5 | — | 1.3 |

#### 4.1.3.2 红外光谱分析

图 4.4 给出了新膜、50APAM 和 500APAM 污染后膜片的红外光谱图，红外光谱中的波数所对应的官能团见表 4.3。在 Na 溶液条件下，与新膜相比，50APAM 污染后膜面特征峰并没有明显的变化，表明 50APAM 并没有在膜面大量累积。在 Na＋Ca 溶液条件下，50APAM 在波数 3342cm$^{-1}$、3200cm$^{-1}$、2943cm$^{-1}$、1660cm$^{-1}$、1451cm$^{-1}$和 1416cm$^{-1}$处的特征峰明显加强，而聚酰胺 NF 膜自身在波数 1489cm$^{-1}$、1245cm$^{-1}$和 1151cm$^{-1}$处的特征峰明显削弱[119]，这是由于 50APAM 在膜面大量累积所造成的。

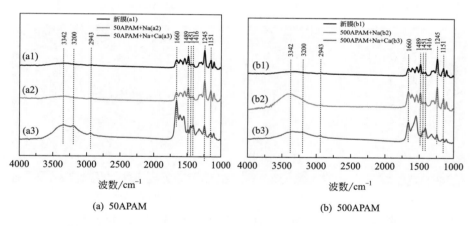

(a) 50APAM  (b) 500APAM

图 4.4 新膜、50APAM 和 500APAM 污染后膜片的红外光谱图

表 4.3 红外光谱中的波数所对应的官能团[119,178]

| 编号 | 波数/cm$^{-1}$ | 官能团 |
|---|---|---|
| 1 | 3342 | —NH$_2$ 对称伸缩振动 |
| 2 | 3200 | —NH$_2$ 非对称伸缩振动 |
| 3 | 2943 | —CH$_2$ 反对称伸缩振动 |
| 4 | 1660 | 酰胺 I 键，即 C＝O(膜面和 APAM 都含有) |
| 5 | 1451 | —CH$_3$ 和—CH$_2$ 的反对称变形振动 |
| 6 | 1416 | 酰胺 III 键，即 C—N(膜面和 APAM 都含有) |

续表

| 编号 | 波数/cm$^{-1}$ | 官能团 |
|------|------|------|
| 7 | 1489 | 芳香环 C—C 面内弯曲伸缩振动 |
| 8 | 1245 | 支撑层中芳香环—O—芳香环非对称伸缩振动 |
| 9 | 1151 | 支撑层中 O—S—O 对称伸缩振动 |

在 Na 溶液条件下，与新膜比较，500APAM 污染后的膜面特征峰发生了较为明显的变化，在波数 3342cm$^{-1}$ 和 1660cm$^{-1}$ 处的特征峰明显加强，表明 500APAM 在膜面发生明显的累积。在 Na＋Ca 溶液条件下，500APAM 在波数 3342cm$^{-1}$、3200cm$^{-1}$、2943cm$^{-1}$、1660cm$^{-1}$、1451cm$^{-1}$ 和 1416cm$^{-1}$ 处的特征峰明显加强，而聚酰胺 NF 膜自身在 1489cm$^{-1}$、1245cm$^{-1}$ 和 1151cm$^{-1}$ 处的特征峰明显削弱[119]，这是由于 CaCl$_2$ 的加入增大了 500APAM 在膜面累积量。

### 4.1.3.3　表面接触角

新膜、50APAM 和 500APAM 污染后膜片的表面接触角见图 4.5。在 Na 溶液条件下，与新膜相比，50APAM 污染后膜面接触角并没有明显变化，这是由于 50APAM 在膜面的累积量较小；在 Na＋Ca 溶液条件下，膜表面接触角由新膜的 75.56°降低至 44.92°，这是由于亲水性的 50APAM 将膜面完全覆盖，使膜面亲水性增强。对于 500APAM 的污染膜，在 Na 溶液条件下，与新膜相比，500APAM 污染后膜面接触角降低至 60.15°，这是由于 500APAM 在膜面的累积量较大，降低膜面接触角；在 Na＋Ca 溶液条件下，膜面接触角继续降低至 58.44°，这是因为 500APAM 将膜面完全覆盖，使污染膜面接触角持续降低。另外，加入 CaCl$_2$ 后，50APAM 使膜面接触角下降的程度高于 500APAM，表明相

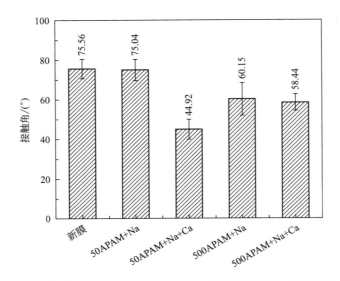

图 4.5　新膜、50APAM 和 500APAM 污染后膜片的表面接触角

对于500APAM与$Ca^{2+}$形成的配位络合物，50APAM的亲水性更强。

### 4.1.3.4 ζ电位

图4.6给出了新膜、50APAM和500APAM污染后膜片的ζ电位。可以看出，与原膜相比，污染膜的ζ电位略有降低。

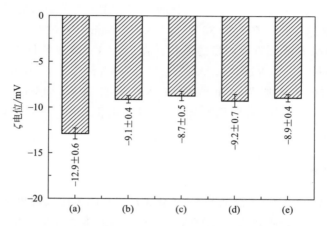

图4.6 新膜、50APAM和500APAM污染后膜片的ζ电位

（a）—新膜的ζ电位；（b），（c），（d），（e）—被50APAM＋Na、50APAM＋Na＋Ca、500APAM＋Na和500APAM＋Na＋Ca污染后的NF膜的ζ电位

试验条件：背景电解质（NaCl）浓度为100mmol/L，pH值为（7.0±0.1），温度为（25.0±1.0）℃

## 4.1.4 膜污染的界面热力学分析

表4.4和表4.5分别给出了不同MWs APAM的接触角和表面张力。与500APAM相比，NaCl溶液在50APAM中的接触角更小（表4.4），表明50APAM更湿润或更亲水。50APAM的总表面张力（$mJ/m^2$）略低于500APAM的值，如表4.5所列。50APAM的范德华分量（$\gamma^{LW}$）低于500APAM测定的值。50APAM的电子受体（$\gamma^+$）、电子供体（$\gamma^-$）和酸碱（$\gamma^{AB}$）组分均低于500APAM。此外，在NaCl溶液中，50APAM和500APAM的$\gamma^-/\gamma^+$比值分别为16.09和2.48。在$CaCl_2$溶液中也发现了类似的现象。

表 4.4 NF90、50APAM和500APAM的接触角　　单位：（°）

| 探针溶液 | NF90 | 50APAM | 500APAM |
|---|---|---|---|
| 甲酰胺 | 55.68±3.31 | 45.74±1.53 | 37.81±3.20 |
| 二碘甲烷 | 58.91±2.03 | 56.15±1.52 | 46.83±2.97 |
| NaCl | 66.44±1.74 | 57.91±2.53 | 68.68±3.51 |
| NaCl＋CaCl₂ | 80.03±3.77 | 63.40±2.78 | 76.27±2.24 |

**表 4.5　不同溶液中膜的表面张力和 APAM-膜的黏附能**

单位：$mJ/m^2$

| 探针溶液 | | $\gamma^{LW}$ | $\gamma^+$ | $\gamma^-$ | $\gamma^{AB}$ | $\gamma^{TOT}$ | $\Delta G_{132}^{LW}$ | $\Delta G_{132}^{AB}$ | $\Delta G_{132}$ |
|---|---|---|---|---|---|---|---|---|---|
| 50APAM+NF90 | NaCl | 29.20 | 0.66 | 18.33 | 6.95 | 36.16 | −1.29 | −8.67 | −9.96 |
| | NaCl+CaCl$_2$ | 29.20 | 1.77 | 4.53 | 5.67 | 34.87 | −1.29 | −29.78 | −31.08 |
| 500APAM+NF90 | NaCl | 29.20 | 0.66 | 18.33 | 6.95 | 36.16 | −1.96 | −25.83 | −27.79 |
| | NaCl+CaCl$_2$ | 29.20 | 1.77 | 4.53 | 5.67 | 34.87 | −1.96 | −45.11 | −47.07 |

与 NaCl 溶液相比，含有 CaCl$_2$ 的电解质溶液对 50APAM 和 500APAM 的接触角都更大，这可能是由于 Ca-APAM 复合物的形成和上述强有效的电性中和作用。由于同样的原因，$\gamma^-/\gamma^+$ 的比值从 16.09（50APAM，NaCl 溶液）和 2.48（500APAM，NaCl 溶液）降至 8.23（50APAM，CaCl$_2$ 溶液）和 0.53（500APAM，CaCl$_2$ 溶液），这一现象说明加入 CaCl$_2$ 后，500APAM 的单极化减弱，亲水性降低。

电解质中 APAM-膜和 APAM-APAM 界面自由能分别如表 4.5 和表 4.6 所示。由两表可知，50APAM 在 NaCl 溶液中的界面黏附能（$\Delta G_{132}$）和内聚自由能（$\Delta G_{131}$）均高于 500APAM 的。加入 CaCl$_2$ 后，50APAM-膜和 500APAM-膜的黏附能、50APAM-50APAM 和 500APAM-500APAM 的内聚能都比在 NaCl 溶液中有所提高。这种差异是由于 APAM 和 NF 膜的表面张力和 AB 自由能的变化（表 4.5 和表 4.6），表明在 Ca$^{2+}$ 存在下形成了配位复合物并增强了静电屏蔽效应。

**表 4.6　不同溶液中 APAM 的表面张力和 APAM-APAM 的内聚自由能**

单位：$mJ/m^2$

| 探针溶液 | | $\gamma^{LW}$ | $\gamma^+$ | $\gamma^-$ | $\gamma^{AB}$ | $\gamma^{TOT}$ | $\Delta G_{131}^{LW}$ | $\Delta G_{131}^{AB}$ | $\Delta G_{131}$ |
|---|---|---|---|---|---|---|---|---|---|
| 50APAM | NaCl | 30.79 | 1.39 | 22.37 | 11.15 | 41.93 | −1.76 | −4.96 | −6.72 |
| | NaCl+CaCl$_2$ | 30.79 | 1.88 | 15.49 | 10.78 | 41.57 | −1.76 | −16.39 | −18.15 |
| 500APAM | NaCl | 36.02 | 2.76 | 6.85 | 8.70 | 44.72 | −2.67 | −32.97 | −35.64 |
| | NaCl+CaCl$_2$ | 36.02 | 3.81 | 2.01 | 5.54 | 41.56 | −2.67 | −45.00 | −47.67 |

## 4.1.5　膜污染的力曲线分析

### 4.1.5.1　APAM 与膜的分子间相互作用

APAM 和 NF 膜之间的接近力曲线如图 4.7(a) 和图 4.7(c) 所示（见彩插）。加入 NaCl 后得到的 APAM-膜斥力相对于在纯水中测得的力有所减小，这可能是由于 Na$^+$ 对 APAM 和膜表面羧酸根的静电屏蔽作用[139,179]。CaCl$_2$ 存在时，APAM 与膜表面之间存在明显的吸引力，50APAM-膜和 500APAM-膜的最大吸引力值分别达到 −6.0nN 和 −7.6nN。观察到这种吸引力是由于

$Ca^{2+}$ 将膜表面的羧酸根与 APAM 表面的羧酸根配位，并且 $Ca^{2+}$ 桥接的羧酸根之间形成了较强的配位键。其中，500APAM-膜接近曲线的最大吸引力大于 50APAM-膜接近曲线的，这可以用 500APAM 分子中含有更多可参与 $Ca^{2+}$ 配位的羧酸根位点的事实来解释。

相应地，APAM-膜脱附力曲线如图 4.7(b) 和图 4.7(d) 所示（见彩插）。随着 NaCl 的加入，APAM 与膜表面之间的吸引力较纯水中增强。这种差异可能是由于上述静电屏蔽效应，以及 NaCl 的盐析效应，减少了 APAM 链周围水分子的水合作用，导致 APAM 的溶解度降低，同时增强了 APAM 和膜表面之间的疏水引力。加入 $CaCl_2$ 后，脱附曲线上的吸引力非常明显，50APAM-膜和 500APAM-膜相互作用的最大吸引力分别为 $-15.4$nN 和 $-20.7$nN。值得注意的是，500APAM-膜的最大吸引力大于 50APAM-膜，这与 500APAM-膜相互作用的更大接近力曲线一致。

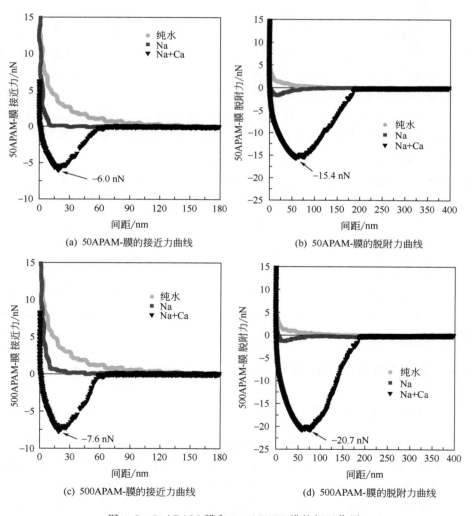

(a) 50APAM-膜的接近力曲线    (b) 50APAM-膜的脱附力曲线

(c) 500APAM-膜的接近力曲线    (d) 500APAM-膜的脱附力曲线

图 4.7　50APAM-膜和 500APAM-膜的相互作用

#### 4.1.5.2　APAM 的分子间相互作用

　　与 50APAM 相比，500APAM 的分子链更长，因此加入 $CaCl_2$ 后更容易发生链缠结，从而形成随机网络结构[122,180]以及更多的 APAM-Ca 配位键。为验证上述论点，采用 AFM 法进行 APAM-APAM 力曲线测量（图 4.8，见彩插）。

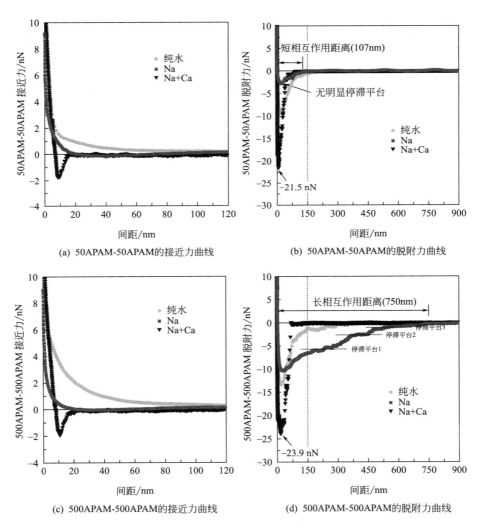

(a) 50APAM-50APAM的接近力曲线　　(b) 50APAM-50APAM的脱附力曲线

(c) 500APAM-500APAM的接近力曲线　　(d) 500APAM-500APAM的脱附力曲线

图 4.8　50APAM-50APAM 和 500APAM-500APAM 分子间的相互作用

　　如图 4.8（a）所示，接近线的 50APAM-50APAM 分子间力在纯水、Na 和 Na＋Ca 中分别为排斥、弱排斥和显著吸引。从纯水中 50APAM-50APAM 接近线的相互作用距离和形状来看，分子间的静电斥力是主要的排斥力。通过加入 NaCl，$Na^+$ 结合在 APAM 链上带负电荷的羧酸根周围，从而减少了静电斥力。在 $CaCl_2$ 存在下，$Ca^{2+}$ 作为配位 50APAM 羧酸根的桥梁，这些配位键比静电斥力强,产生了净吸引力。500APAM-500APAM 的接近线也得到了类似的结果 [图 4.8(c)]。其中,50APAM-50APAM 与 500APAM-500APAM 接近线的差异可忽略不计。

然而,这些组合 [尤其是 APAM+Na,图 4.8(b) 和图 4.8(d)] 的脱附线有明显的差异。加入 NaCl 后,50APAM-50APAM 和 500APAM-500APAM 的脱附线分别在 24nm 和 32nm 处出现最大吸引力,分别为 -2.85nN 和 -10.43nN,相应地,相互作用距离分别为 107nm 和 750nm。其中,500APAM-500APAM 脱附力曲线显示有多个连续停滞的平台,说明相互作用发生在非平衡状态,表现为 500APAM 之间的链重叠,滞留平台的数量近似对应于 3 条以上的 500APAM 链纠缠在一起[181,182]。在其他研究中也观察到类似的远程相互作用[183]。相反,50APAM-50APAM 相互作用距离较短 (107nm),相互作用处于近似平衡状态,纠缠较少。如图 4.8(b) 和图 4.8(d) 所示,随着 $CaCl_2$ 的加入,脱附线的单齿特征,结合 <150nm 的相互作用距离,表明 APAM-APAM 相互作用处于平衡状态,这可能对应于 50APAM 和 500APAM 的分子间链纠缠较少。值得注意的是,随着 $CaCl_2$ 的加入,50APAM 和 500APAM 的最大吸引力均显著增加,这与以往其他阴离子聚电解质 (如海藻酸钠) 对 NF/RO 膜污染的研究一致[64,184]。$Ca^{2+}$ 结合到阴离子聚电解质的羧酸根上,增强了污染物-污染物分子间作用力[64,184],形成了密实的交联凝胶层。

## 4.1.6　膜污染行为与 APAM-膜/APAM 相互作用的关系

APAM-膜和 APAM-APAM 分子间的最大相互作用力均与累积污染物质量密切相关 [图 4.9(a) 和图 4.9(b)]。APAM-膜自由能 (而非 APAM-APAM 自由能) 与不可逆污染阻力具有较强的相关性 [图 4.9(c) 和图 4.9(d)]。

APAM-膜和 APAM-APAM 的最大分子间相互作用力与累积污染物质量的相关系数分别为 0.97 和 0.96 [图 4.9(a) 和图 4.9(b)]。与 50APAM 分子相比,膜与 500APAM 分子之间的净黏附力更强,从而促使更多的 500APAM 分子链在膜表面积聚。如图 4.9(c) 和图 4.9(d) 所示,超纯水物理清洗后,残余 APAM 与膜表面之间的自由能越大,膜污染越严重。APAM-膜 (而非 APAM-APAM 的界面自由能) 与不可逆污染阻力具有较强的相关性。与 APAM-APAM 自由能相反,500APAM 与膜表面之间的负界面自由能越高,500APAM 分子在膜表面上的自发吸附 (分离距离 0.158nm 内) 就越大[169],从而在这些分子之间形成更稳定的界面热力学体系。与 50APAM 分子相比,更大的自发吸附和更高的界面热力学稳定性导致 500APAM 分子不可逆污染的加剧。

综上,本部分借助界面自由能和分子间力曲线,研究了微咸废水脱盐过程中 APAM 相对分子质量对 NF 膜污染行为的影响。与 50APAM 相比,相对分

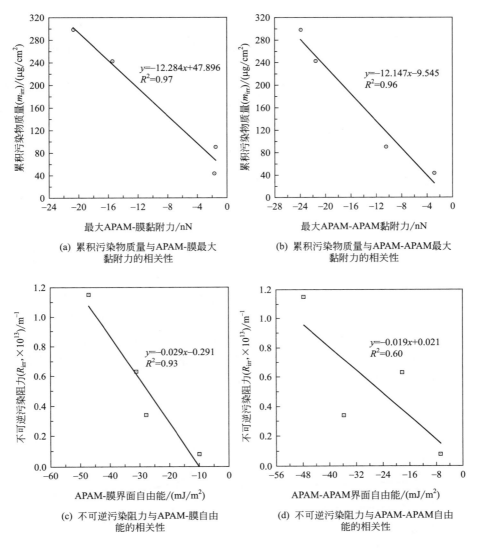

(a) 累积污染物质量与APAM-膜最大
　　黏附力的相关性

(b) 累积污染物质量与APAM-APAM最大
　　黏附力的相关性

(c) 不可逆污染阻力与APAM-膜自由
　　能的相关性

(d) 不可逆污染阻力与APAM-APAM自由
　　能的相关性

图 4.9 APAM-膜/APAM 相互作用与膜污染行为的关系

子质量较大的 500APAM 引起的渗透通量下降更严重，但表观盐截留率增加更多。相应地，500APAM 在膜表面积累质量、不可逆污染阻力和比阻均大于50APAM 引起的值，这些污染行为与 APAM-膜/APAM 相互作用密切相关。此外，APAM 与膜之间的最大分子间相互作用引力与累积污染物质量呈正相关，APAM-膜界面自由能与不可逆污染阻力呈负相关。相对分子质量较大的500APAM 具有更大的分子间吸引力和更高的 APAM-膜界面自由能，这可能是由于显著的分子间纠缠，引起比 50 APAM 更严重的污染。同样的原因，引入的 $Ca^{2+}$ 通过与羧酸根的配位作用，增强了 APAM-膜/APAM 分子间的吸引力和 APAM-膜自由能，从而导致膜污染加剧。

## 4.2 胶体 SiO_2 对 APAM 造成的纳滤膜污染的影响

在第 3 章中，对现场 NF 膜污染物的无机组分进行全面的剖析，结果发现，$SiO_2$ 占无机污染物的绝大部分。本部分将重点研究胶体 $SiO_2$ 与 500APAM 共存对 NF 膜污染的影响。

### 4.2.1 膜性能

#### 4.2.1.1 通量

未添加和添加胶体 $SiO_2$ 的条件下，500APAM 污染对 NF 膜通量的影响分别如图 4.10(a) 和图 4.10(b) 所示。在 Na 溶液条件下，过滤终止时膜的归一化通量下降至 0.78；在 Na＋Ca 溶液条件下，过滤终止时膜的归一化通量继续下降至 0.67 ［见图 4.10(a)］。这是由于在 Na 溶液条件下，500APAM 和膜之间的氢键作用和疏水作用大于静电斥力，导致 500APAM 逐渐在膜面累积，膜通量明显下降；在 Na＋Ca 溶液条件下，$Ca^{2+}$ 通过配位作用桥接 APAM 羧酸根和膜面羧酸根，增强了 500APAM-膜以及 500APAM 之间的相互作用，导致膜污染加重。

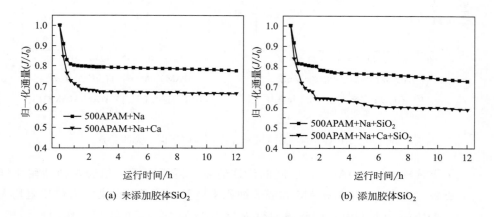

(a) 未添加胶体$SiO_2$    (b) 添加胶体$SiO_2$

图 4.10　添加胶体 $SiO_2$ 对 NF 膜通量的影响

在 Na＋$SiO_2$ 溶液条件下，过滤终止时膜的归一化通量下降至 0.73，如图 4.10(b) 所示。在 Na＋Ca＋$SiO_2$ 溶液条件下，过滤终止时膜的归一化通量进一步降至 0.59。在这两种溶液条件下，与未加 $SiO_2$ 胶体的情况相比较，加入 $SiO_2$ 胶体后，过滤 2h 后膜的归一化通量依然持续下降，表明胶体 $SiO_2$ 的添加加剧了 NF 膜污染。

#### 4.2.1.2 脱盐性能

未添加和添加胶体 $SiO_2$ 的条件下，500APAM 污染对 NF 膜脱盐性能的影响如图 4.11（a）所示。在 Na 和 Na＋Ca 两种溶液条件下，膜的归一化脱盐率均持续升高，在过滤终止时，升至 1.07 左右。这是由于压力驱动溶液中的 APAM 分子向膜面迁移，形成浓差极化层，APAM 分子与膜之间以及 APAM 分子之间发生接触；通过 500APAM 与膜之间的氢键作用和疏水作用以及 500APAM 分子之间的吸引作用和链纠缠作用，500APAM 在膜上逐渐形成污染层，分子链上带负电的羧酸根离子与反离子（即 $Na^+$ 和 $Ca^{2+}$）结合，降低离子的对流传质，从而提高 NF 膜的表观截留率。

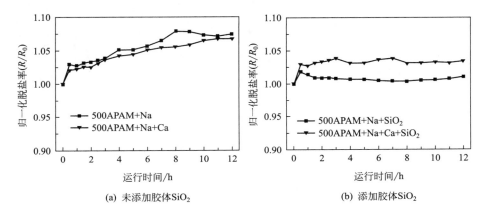

图 4.11 添加胶体 $SiO_2$ 对 NF 膜脱盐性能的影响

从图 4.11（b）可以看出，在 Na＋$SiO_2$ 和 Na＋Ca＋$SiO_2$ 两种溶液条件下，前 0.5h 内膜的归一化脱盐率均升高明显，之后，其值基本达到平衡状态，并持续到过滤结束，分别维持在 1.01 和 1.03 左右，与未添加胶体 $SiO_2$ 的情况［见图 4.1（b）］相比较，膜的归一化脱盐率均出现大幅下降。一方面，APAM 污染层降低了离子的对流传质（如前所述），使膜的表观脱盐率升高；另一方面，胶体 $SiO_2$ 不断在膜面累积，使污染层阻碍离子反向扩散的能力增强[185]，导致膜面的浓差极化增强，表观脱盐率下降。在以上两种因素的共同作用下，0.5h 后膜的归一化脱盐率基本维持不变。

### 4.2.2 污染阻力分布和百分比

图 4.12（a）和图 4.12（b）分别给出了未添加和添加胶体 $SiO_2$ 后 500APAM 污染对污染阻力分布和百分比的影响。在 Na 和 Na＋$SiO_2$ 两种溶液条件下，膜的不可逆污染阻力（$R_{irr}$）分别为 $3.37×10^{12}\,m^{-1}$ 和 $7.31×10^{12}\,m^{-1}$，其百分比分别为 8.66％ 和 19.44％；表明添加胶体 $SiO_2$ 后，膜面不可逆污染

加重。在 Na＋Ca 和 Na＋Ca＋SiO$_2$ 两种溶液条件下，膜的不可逆污染阻力（$R_{irr}$）分别为 $1.15 \times 10^{13}\,m^{-1}$ 和 $2.56 \times 10^{13}\,m^{-1}$，其不可逆阻力百分比分别为 25.97％ 和 43.77％；表明添加胶体 SiO$_2$ 后，膜面不可逆污染进一步加重。这是由于 Ca$^{2+}$ 通过配位作用使 500APAM 羧酸根和膜表面羧酸根桥接，促进 APAM-Ca 的沉积；同时，Ca$^{2+}$ 与 500APAM 形成"鸡蛋-箱体"型的有序多孔配位络合物，能够"捕获"主体溶液中的胶体 SiO$_2$，促进胶体 SiO$_2$ 在膜面沉积。

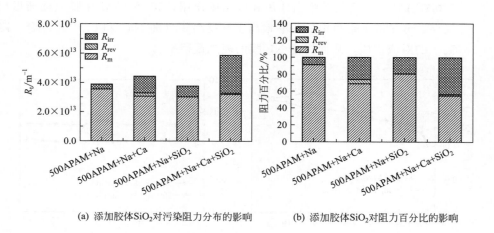

(a) 添加胶体SiO$_2$对污染阻力分布的影响　　(b) 添加胶体SiO$_2$对阻力百分比的影响

图 4.12　未添加和添加胶体 SiO$_2$ 对污染阻力分布和百分比的影响

## 4.2.3　膜面累积污染物质量和比阻

图 4.13 给出了未添加和添加胶体 SiO$_2$ 后对膜面累积污染物质量和不可逆污染比阻的影响。在 Na 和 Na＋SiO$_2$ 两种溶液条件下，膜面污染物的累积量分别为 90.27μg/cm$^2$ 和 107.40μg/cm$^2$（其中，500APAM 为 37.22μg/cm$^2$，SiO$_2$ 为 70.18μg/cm$^2$），添加胶体 SiO$_2$ 后，500APAM 在膜面的累积量从 90.27μg/cm$^2$ 减小到 37.22μg/cm$^2$，这很可能是由于胶体 SiO$_2$ 的竞争作用引起的；对应的不可逆污染比阻分别为 $3.73 \times 10^{12}\,g/m$ 和 $6.80 \times 10^{12}\,g/m$，表明添加胶体 SiO$_2$ 导致膜面污染层变得更加密实（即孔隙率降低）。

在 Na＋Ca 和 Na＋Ca＋SiO$_2$ 两种溶液条件下，膜面污染物的累积量分别为 298.36μg/cm$^2$ 和 428.52μg/cm$^2$（其中，500APAM 为 256.82μg/cm$^2$，SiO$_2$ 为 171.70μg/cm$^2$），添加胶体 SiO$_2$ 后，500APAM 在膜面的累积量从 298.36μg/cm$^2$ 减小到 256.82μg/cm$^2$，这同样可能是由胶体 SiO$_2$ 的竞争作用造成的；对应的不可逆污染比阻分别为 $3.86 \times 10^{12}\,g/m$ 和 $6.98 \times 10^{12}\,g/m$，同样表明添加胶体 SiO$_2$ 能够导致膜面凝胶层变得更加密实。

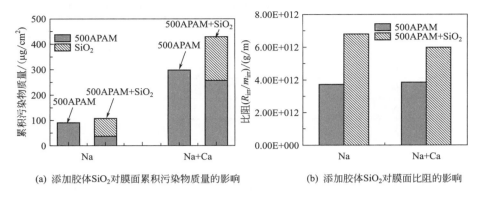

(a) 添加胶体SiO₂对膜面累积污染物质量的影响　　　(b) 添加胶体SiO₂对膜面比阻的影响

图 4.13　未添加和添加胶体 SiO₂ 对膜面累积污染物质量和比阻的影响

## 4.2.4　膜表征

### 4.2.4.1　扫描电镜-能谱分析

添加胶体 SiO₂ 污染后膜面的 SEM 图和 EDX 元素含量分别见图 4.14 和表 4.7。从图 4.14(a) 可以看出，在 Na＋SiO₂ 溶液条件下，与 Na 溶液条件下的 SEM 图 [图 4.3(d)] 相比，添加 SiO₂ 后，膜面固有的"叶片状"结构几乎被完全覆盖 [图 4.3(a)]，形成明显的污染层；而且膜面的 EDX 分析（见表 4.7）也检测到了 Si 元素的存在。在 Na＋Ca 溶液条件下，膜面固有的"叶片状"结构被完全覆盖 [图 4.3(e)]，而在 Na＋Ca＋SiO₂ 溶液条件下，膜面凝胶层显得更加致密，见图 4.14(b)，很有可能是由于胶体 SiO₂ 将污染层的空隙填充，使污染层的孔隙率下降，这与图 4.13 中不可逆污染比阻的结论是一致的。另外，在 Na＋Ca＋SiO₂ 溶液条件下，膜面 Si 元素的含量大幅提高至 10.3%（见表 4.7），表明 Ca²⁺ 与 500APAM 形成的有序多孔配位络合物能够更加有效地"捕获"主体溶液中的胶体 SiO₂。

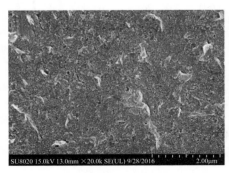

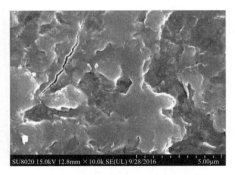

(a) 500APAM+Na+SiO₂污染后的膜　　　(b) 500APAM+Na+Ca+SiO₂污染后的膜

图 4.14　添加胶体 SiO₂ 污染后的膜面 SEM 图

表 4.7　添加胶体 SiO$_2$ 污染后膜面的 EDX 元素分析结果

| 元素 | 元素百分数/% | |
|---|---|---|
| | 500APAM＋Na＋SiO$_2$ | 500APAM＋Na＋Ca＋SiO$_2$ |
| C | 74.9 | 43.5 |
| O | 19.2 | 40.2 |
| N | 2.0 | 2.6 |
| S | 2.7 | 2.4 |
| Na | 0.3 | 0.2 |
| Ca | — | 0.7 |
| Si | 0.9 | 10.3 |

#### 4.2.4.2　红外光谱分析

新膜、未添加和添加胶体 SiO$_2$ 污染后膜面的红外光谱图如图 4.15 所示。从图 4.15(a) 可以看出，在 Na 溶液条件下，与新膜相比，500APAM 污染后膜面的红外谱图在波数 3342cm$^{-1}$ 和 1660cm$^{-1}$ 处的特征峰明显加强，表明 500APAM 在膜面发生明显的累积。在 Na＋Ca 溶液条件下，污染膜面红外谱图在 3342cm$^{-1}$、3200cm$^{-1}$、2943cm$^{-1}$、1660cm$^{-1}$、1451cm$^{-1}$ 和 1416cm$^{-1}$ 处的特征峰明显加强，而聚酰胺 NF 膜在 1489cm$^{-1}$、1245cm$^{-1}$ 和 1151cm$^{-1}$ 处的特征峰明显削弱，这是由于加入 CaCl$_2$ 促进了 500APAM 在膜面大量累积。

在 Na＋SiO$_2$ 溶液条件下，波数 1080cm$^{-1}$ 处归属于 SiO$_2$ 的 Si—O 伸缩振动特征峰显著加强 [见图 4.15(b)]，这是由于 SiO$_2$ 在膜表面累积所造成的。与 Na 溶液条件相比，APAM 的特征峰则明显削弱，这主要是由于 SiO$_2$ 的竞争作用导致膜面沉积的 APAM 减少。在 Na＋Ca＋SiO$_2$ 溶液条件下，在波数

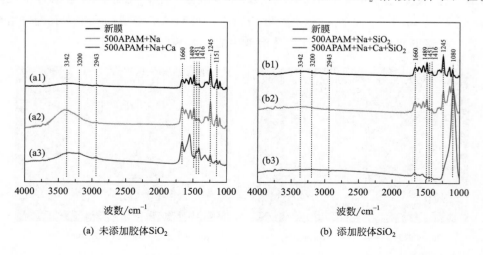

(a) 未添加胶体SiO$_2$　　　　　　　　(b) 添加胶体SiO$_2$

图 4.15　新膜、未添加和添加胶体 SiO$_2$ 后污染膜的红外光谱图

1080cm$^{-1}$处归属于 $SiO_2$ 的 Si—O 伸缩振动特征峰大幅加强[138,186,187]，而聚酰胺 NF 膜自身在 1489cm$^{-1}$ 和 1245cm$^{-1}$ 处的特征峰明显削弱[119]，这是由于 $Ca^{2+}$ 与 APAM 形成的有序多孔配位络合物能够"捕获"大量的 $SiO_2$，并在膜面沉积，将膜面完全覆盖。

### 4.2.4.3　表面接触角

新膜、未添加和添加胶体 $SiO_2$ 后污染膜的表面接触角如图 4.16 所示。在 Na 溶液条件下，与新膜相比，500APAM 污染后膜面的接触角从 75.56° 降低至 60.15°，这是由于亲水性的 500APAM 在膜面的累积量较大所造成的；在 Na＋Ca 溶液条件下，污染膜面接触角继续降低至 58.44°，这是由于加入 $Ca^{2+}$ 能够通过配位作用桥接 500APAM 羧酸根与膜面羧酸根，使得亲水性 APAM 将膜面完全覆盖。在 Na＋$SiO_2$ 溶液条件下，污染膜面的接触角从 75.56° 下降至 54.06°（比未加 $SiO_2$ 胶体情况下的还要低），主要是由于亲水性更强的胶体 $SiO_2$ 在膜面累积所造成的。在 Na＋Ca＋$SiO_2$ 溶液条件下，$Ca^{2+}$ 与 APAM 形成的有序多孔配位络合物能够"捕获"更多的胶体 $SiO_2$，超亲水性的 $SiO_2$ 使膜面接触角进一步降至 25.24°。

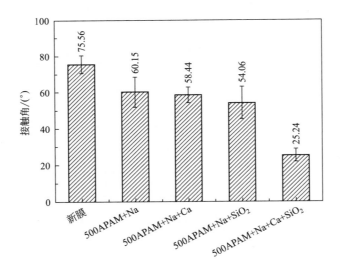

图 4.16　新膜、未添加胶体 $SiO_2$ 和添加胶体 $SiO_2$ 后污染膜的表面接触角

## 4.2.5　膜污染的界面热力学分析

本部分采用 XDLVO 理论来计算未添加和添加 $SiO_2$ 的情况下，APAM 与膜面以及 APAM 之间的界面自由能（非共价相互作用）。NF90 膜和 500APAM 表面对探测液体（已知表面张力）的接触角测定值见表 4.8。

表 4.8 NF90 膜和 500APAM 的表面接触角

| 探针溶液 | NF90 | 500APAM |
|---|---|---|
| 甲酰胺 | 55.68 | 37.81 |
| 二碘甲烷 | 58.91 | 46.83 |
| Na | 66.44 | 68.68 |
| Na+Ca | 80.03 | 76.27 |
| Na+SiO$_2$ | 73.70 | 66.90 |
| Na+Ca+SiO$_2$ | 82.20 | 70.80 |

#### 4.2.5.1 界面热力学计算

表 4.9 和表 4.10 分别给出了 500APAM 在不同溶液条件下的 APAM-膜界面的黏附能以及 500APAM 的内聚能。从表 4.9 可以看出,在 Na 和 Na+SiO$_2$ 溶液条件下,500APAM-膜的黏附能分别为 $-27.79\text{mJ/m}^2$ 和 $-32.20\text{mJ/m}^2$,表明添加胶体 SiO$_2$ 对 500APAM-膜的黏附性能影响不大。从表 4.10 可以看出,在 Na 和 Na+SiO$_2$ 溶液条件下,500APAM 之间的内聚力能分别为 $-35.64\text{mJ/m}^2$ 和 $-32.49\text{mJ/m}^2$,表明添加胶体 SiO$_2$ 对 500APAM 的内聚作用也没有明显影响。

表 4.9 NF90 膜在四种溶液中的表面张力和 500APAM-膜的界面黏附能

| 探针溶液 | $\gamma^{\text{LW}}$ /(mJ/m$^2$) | $\gamma^{+}$ /(mJ/m$^2$) | $\gamma^{-}$ /(mJ/m$^2$) | $\gamma^{\text{AB}}$ /(mJ/m$^2$) | $\gamma^{\text{TOT}}$ /(mJ/m$^2$) | $\Delta G_{132}$ /(mJ/m$^2$) |
|---|---|---|---|---|---|---|
| Na | 29.20 | 0.66 | 18.33 | 6.95 | 36.16 | $-27.79$ |
| Na+Ca | 29.20 | 1.77 | 4.53 | 5.67 | 34.87 | $-47.07$ |
| Na+SiO$_2$ | 29.20 | 1.18 | 9.93 | 6.83 | 36.04 | $-32.20$ |
| Na+Ca+SiO$_2$ | 29.20 | 2.01 | 3.15 | 5.02 | 34.23 | $-43.71$ |

表 4.10 500APAM 在四种溶液中的表面张力和内聚自由能

| 探针溶液 | $\gamma^{\text{LW}}$ /(mJ/m$^2$) | $\gamma^{+}$ /(mJ/m$^2$) | $\gamma^{-}$ /(mJ/m$^2$) | $\gamma^{\text{AB}}$ /(mJ/m$^2$) | $\gamma^{\text{TOT}}$ /(mJ/m$^2$) | $\Delta G_{131}$ /(mJ/m$^2$) |
|---|---|---|---|---|---|---|
| Na | 36.02 | 2.76 | 6.85 | 8.70 | 44.72 | $-35.64$ |
| Na+Ca | 36.02 | 3.81 | 2.01 | 5.54 | 41.56 | $-47.67$ |
| Na+SiO$_2$ | 36.02 | 2.55 | 8.35 | 9.23 | 45.25 | $-32.49$ |
| Na+Ca+SiO$_2$ | 36.02 | 3.03 | 5.23 | 7.97 | 43.99 | $-39.21$ |

在 Na+Ca 和 Na+Ca+SiO$_2$ 溶液条件下,500APAM 与膜之间的界面附着力自由能分别为 $-47.07\text{mJ/m}^2$ 和 $-43.71\text{mJ/m}^2$(见表 4.9),表明添加 SiO$_2$ 后,500APAM-膜的黏附作用没有明显的变化;但是,与 Na 溶液条件相

比较，500APAM-膜界面之间的黏附能明显变大，主要是由于 $CaCl_2$ 能够配位桥接 APAM 羧酸根和膜面羧酸根。从表 4.10 可以看出，在 Na＋Ca 和 Na＋Ca＋$SiO_2$ 溶液条件下，500APAM 之间的内聚自由能分别为－47.67mJ/$m^2$ 和－39.21mJ/$m^2$，添加 $SiO_2$ 导致 500APAM 的内聚作用下降，这主要是由于过多的 $SiO_2$ 胶体占据了污染层的空隙，对 APAM 的内聚作用造成明显的空间位阻。与 Na 溶液条件相比，500APAM 之间的内聚自由能明显变大，主要是由于 $CaCl_2$ 能够与 APAM 羧酸根之间形成配位键。

#### 4.2.5.2　界面自由能和污染速率之间的关系

本部分研究 NF 膜污染前期和后期的通量下降速率与界面自由能之间的相关性。前期膜污染速率与 APAM 和膜界面间的黏附能以及后期膜污染速率与 APAM 的内聚自由能之间的线性相关性分别见图 4.17(a) 和图 4.17(b)。由于在污染过程中膜通量持续下降，因此，采用污染运行的 0～1h 的归一化通量下降的斜率为前期膜污染速率，而采用污染运行的 11～12h 的归一化通量下降的斜率为后期膜污染速率。

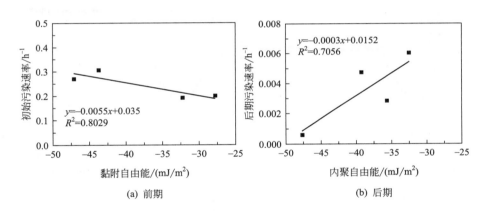

图 4.17　界面自由能和前期污染速率和后期污染速率拟合

从图 4.17(a) 可以看出，前期污染速率与黏附能之间存在明显的负相关性（$R^2＝0.803$），表明膜与污染物之间的黏附能确实能影响到过滤前期污染物在膜面的累积。然而，添加 $SiO_2$ 后对 APAM-膜之间的黏附能并没有明显的影响。从图 4.17(b) 可以看出，后期污染速率与内聚能之间出现了正相关性（$R^2＝0.7056$），表明除了 XDLVO 理论中的三种基本相互作用（包括范德华作用、李维斯酸碱作用和静电作用）外的其他作用决定了 NF 后期的膜污染，很可能是胶体 $SiO_2$ 的膜面沉积和过滤压力对污染层的压实效应导致过滤后期的通量下降。

### 4.2.6 膜污染的力曲线分析

#### 4.2.6.1 APAM 与膜之间的相互作用力

图 4.18 中对比了未添加（a）和（b）和添加胶体 $SiO_2$（c）和（d）后 500APAM-膜的分子间相互作用（见彩插）。从图 4.18(a) 和图 4.18(c) 中的接近线可以看出，对于 500APAM，与纯水中相比较，添加 NaCl 减弱了 500APAM-膜的排斥作用，主要是由于 $Na^+$ 对 NF 膜界面羧酸根和 APAM 羧酸根的静定屏蔽作用（如前所述）；进一步添加纳米 $SiO_2$ 后，接近线的形状、作用力的大小和作用距离均为无明显变化。添加 $CaCl_2$ 显著增强了 500APAM-膜的分子间吸引作用，主要是 $Ca^{2+}$ 对 NF 膜界面的羧基和 APAM

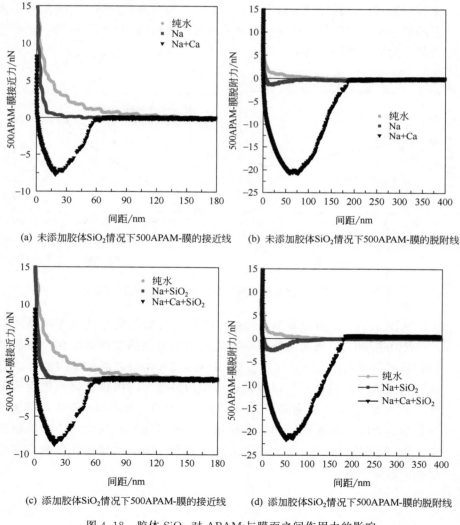

(a) 未添加胶体$SiO_2$情况下500APAM-膜的接近线　　(b) 未添加胶体$SiO_2$情况下500APAM-膜的脱附线

(c) 添加胶体$SiO_2$情况下500APAM-膜的接近线　　(d) 添加胶体$SiO_2$情况下500APAM-膜的脱附线

图 4.18　胶体 $SiO_2$ 对 APAM 与膜面之间作用力的影响

羧基的桥接作用形成配位络合键（如前所示）；进一步添加纳米 $SiO_2$ 后，接近线的形状、作用力的大小和作用距离均为无明显变化，主要是由于纳米 $SiO_2$ 本身不含可参与络合的官能团。由此可知，在纯水、Na 溶液和 Na＋Ca 溶液中，添加纳米 $SiO_2$ 对 500APAM-膜的接近线没有明显的影响。

从图 4.18(b) 和图 4.18(d) 中脱附线可以看出，与纯水中相比较，添加 NaCl 导致 APAM-膜的分子间黏附力由排斥作用转变成吸引作用；主要是由 $Na^+$ 对 APAM 羧基和膜面羧基的静电屏蔽作用和 NaCl 的盐析作用引起的；进一步添加纳米 $SiO_2$ 后，脱附线的形状、作用力的大小和作用距离均为无明显变化。添加 $CaCl_2$ 后，APAM-膜的脱附线表现出较强的吸引作用，这是由于 $Ca^{2+}$ 桥接 NF 膜界面的羧基和 APAM 羧基形成配位络合键（如前所述）；进一步添加纳米 $SiO_2$ 后，脱附线的形状、作用力的大小和作用距离均为无明显变化。与接近线的结论一致，在纯水、Na 溶液和 Na＋Ca 溶液中，添加纳米 $SiO_2$ 后对 500APAM-膜的脱附线也没有明显的影响。

### 4.2.6.2　APAM 之间的相互作用力

由 4.2.1 可知，含有 100mmol/L NaCl 的 APAM 进料液中添加胶体 $SiO_2$ 后，膜通量损失进一步加剧，同样的，在 Na＋Ca 溶液条件下，APAM 进料液中添加胶体 $SiO_2$ 后，膜通量损失也加重。这主要是由于胶体 $SiO_2$ 的纳米尺寸效应引起的分子间吸引作用和其对凝胶层孔隙的堵塞作用所造成的。具体分析如下。

胶体 $SiO_2$ 对 APAM-APAM 力曲线的影响见图 4.19（见彩插）。对于接近线 [图 4.19(a) 和 (c)]，在纯水中，APAM-APAM 表现出明显的排斥作用（＋8.5nN）；添加 100mmol/L NaCl 时，斥力减弱 [图 4.19(a)]；在 Na 溶液条件下，添加胶体 $SiO_2$ 后（即 Na＋$SiO_2$），表现出吸引作用 [在 2.00nm 处的－1.69nN，图 4.19(c)]，表明胶体 $SiO_2$ 纳米效应的存在，即纳米尺度下的 $SiO_2$ 颗粒表面上存在原子悬挂键，增强了 APAM-$SiO_2$-APAM 吸引作用[188-190]；同样的原因，在 Na＋Ca 溶液条件下，添加胶体 $SiO_2$ 后（即 Na＋Ca＋$SiO_2$），APAM-APAM 接近线表现出的吸引作用从－1.91nN 增大到－3.04nN [图 4.19(a) 和图 4.19(c)]。

对于脱附线 [图 4.19(b) 和图 4.19(d)]，胶体 $SiO_2$ 的存在增强了 APAM-APAM 的黏附能 [图 4.19(b) 和图 4.19(d) 相比较]，体现在力的大小、作用距离和力曲线的形状；其中，在 Na 和 Na＋$SiO_2$ 溶液条件下，最大附着力和作用距离分别从－10.43nN 和 750nm 增大为－11.74nN 和 900nm，其对应的 APAM-APAM 黏附能分别为－2863.65nN·nm 和－4308.24nN·nm；在 Na＋Ca 和 Na＋Ca＋$SiO_2$ 溶液条件下，最大附着力和作用距离分别从－23.92nN 和 70nm 变化为－22.03nN 和 550nm，对应的 APAM-APAM 黏附能分别为－1159.74nN·nm 和－3105.34nN·nm；表明添加胶体 $SiO_2$ 后

APAM 之间的黏附能增大，这与添加胶体 $SiO_2$ 后膜通量损失加重的结论一致。另外，胶体 $SiO_2$ 也可能引起凝胶层的孔隙堵塞，进一步加剧膜通量损失。

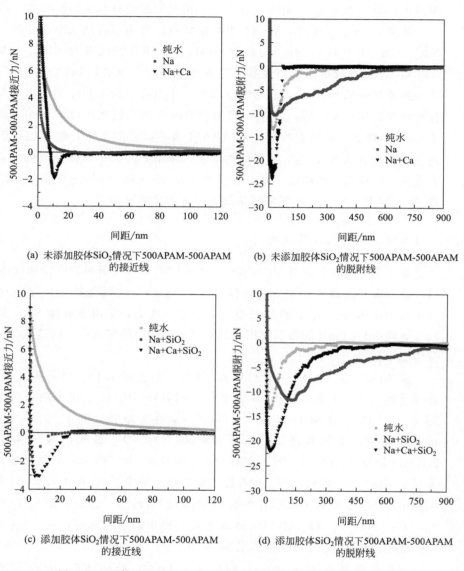

图 4.19　胶体 $SiO_2$ 对 500APAM-500APAM 分子间作用力的影响

## 4.3　CO 及复合有机物对纳滤膜污染的影响

CO 的开采通常会产生大量含高矿化度和油类物质的含油废水。据报道，石油开采过程中产生的含油废水量是 CO 开采量的 3 倍[191,192]。直接排放这些废水会对水体和土壤造成广泛的污染[193]，这是被政府法规所禁止的。在一些偏远的地点，如海上平台，有效地处理大量含油废水需要详细的解决方案，通常还需要综合多种处理方法[101]，这些废水才可以安全排放或回用。多种预处理工艺，如絮凝、气浮、离心分离、砂滤和 UF，可以去除废水中的大部分油类物质和其他成分[104,194]。但这些处理工艺在降低废水含盐量方面效果不佳，出水水质达不到回用标准[104]。

孔径小于 1nm 的 NF 膜可以通过孔径筛分和静电排斥作用，有效去除低分子量的可溶性有机物、多价离子和部分单价离子[83,101,195]。之前的研究已经采用了多种 NF 膜来处理含油废水，以达到回用的目的，证实了其用于处理含油废水的可行性[102,103]。然而，NF 膜通常会受到由于预处理废水中的乳化油吸附和穿透进入膜孔的严重污染，造成通量的显著下降，出水水质恶化，增加清洗频率和运营成本，缩短膜的寿命[191,196,197]。

以前的研究已经表明 NF 膜污染与膜表面性质（如粗糙度、电荷、亲/疏水性），进料的物理化学性质（例如 pH 值、温度、离子强度、二价阳离子浓度和有机物性质）及操作条件（例如运行压力和错流速度）密切相关[191,198,199]。在含油废水处理过程中，亲水功能化表面的水化层可以抑制油滴与膜之间的相互作用，从而显著减轻污染[200,201]。然而，接枝或涂覆亲水化合物的不稳定性严重制约了拒油膜的应用[193,202]。调节膜系统运行条件使渗透通量接近临界通量，可以减缓膜污染[127,203]，但降低了膜系统效率，增加了投资成本。幸运的是，调整进料的物理化学性质，如添加酸、阻垢剂[53,204]或杀菌剂[205]，可以缓解无机结垢和微生物污染。

特别是有机污染物的亲水性通常对膜污染程度有显著影响[206]。由于疏水性强的有机物更容易附着在膜上，一般认为这是导致膜通量[207]降低的主要因素。亲/疏水有机物共存时，膜污染潜力减弱，这说明组分间相互作用可能比组分内相互作用更重要[208]。因此，应该研究如何通过添加聚电解质来控制有机污染，特别是对鲜有报道的 CO 污染进行控制。此外，还应研究亲/疏水有机分子之间的相互作用（即亲/疏水混合界面），以确定疏水有机物对 NF 膜混合界面污染的缓解机制。

阴离子聚丙烯酰胺（APAM）是一种水溶性高分子聚合物，主要用于絮凝各种工业废水，如冶金废水[149]、洗煤废水[145]、污泥脱水[148]。APAM 还可用于澄清和净化饮用水[149,209]，并可作为增加溶液黏度的添加剂，在 CO 生产过程中用于提高 CO 回收率[194,210]。与 CO 的疏水性相反，APAM 具有亲水性[104]，因此，会减少 CO 与 NF 膜表面的相互作用。此外，CO 和 APAM 组合进行的膜污染研究更类似于真正的聚合物驱含油废水[194,210]。因此，迫切需要解释亲水性 APAM 添加剂在疏水 CO 污染 NF 膜中的作用以及相关的界面热力学机制。

本部分通过将 APAM（作为聚合物电解质）加入 CO（作为疏水材料）溶液中，形成亲/疏水的混合界面体系。利用扩展的 Derjaguin-LanDau-Verwey-

Overbeek（XDLVO）理论，研究了在采油废水处理中的 NF 膜污染行为，并阐明了相关机理。本部分的主要研究目标如下：

① 表征电解质溶液中的 CO 和 APAM；

② 阐述在处理含油废水时，亲/疏水混合体系对膜性能和污染阻力的影响；

③ 分析原膜和污染 NF 膜的特性，揭示 APAM/CO 混合界面在 NF 膜污染中的调节机制；

④ 基于 XDLVO 理论分析污染物-污染物/膜的界面相互作用，解释界面自由能与 APAM 添加剂缓解性能之间的关系；

⑤ 通过清洗试验进一步了解亲/疏水混合界面的调节作用。

本研究旨在对亲水聚合物电解质调控疏水性油乳液对 NF 膜污染的性能和机理等几个基本问题提供新的见解。

## 4.3.1  CO 和 APAM 的表征

CO 和 APAM 与测试溶液混合后测量的表面电荷和尺寸如图 4.20 所示（见彩插）。如图 4.20(a) 所示，CO 和 APAM 均表现出负的 $\zeta$ 电位，表明它们具有负的表面电荷。APAM 在纯水中的负电荷（$-34.5mV\pm4.7mV$）明显高于 CO（$-11.7mV\pm0.8mV$）。$Na^+$ 或 $Na^++Ca^{2+}$ 的存在对 CO 的表面电荷影响不大，$\zeta$ 电位分别为 $-12.5mV\pm0.7mV$ 和 $-11.8mV\pm0.6mV$；此外，$Na^+$ 或 $Na^++Ca^{2+}$ 的引入显著降低了 APAM 的 $\zeta$ 电位，分别为 $-15.6mV\pm0.5mV$ 和 $-13.5mV\pm0.1mV$。这是因为 CO 主要由疏水烷烃组成[137,211]，疏水烷烃很难与阳离子结合，而 APAM 的固有负电荷（$-COO^-$）很容易通过压缩双电层被 $Na^+$ 和 $Ca^{2+}$ 屏蔽[177]。

如图 4.20(b) 所示，在所测溶液中 CO 的粒径分布范围为 $100\sim700nm$，峰值约为 300nm（在乳化油粒径范围内，$0.1\sim10\mu m$[212]），这表明，引入的阳离子对 CO 的粒径影响可以忽略不计。然而，APAM 的尺寸在每个被测溶液中的分布有显著差异。在纯水中，在 32.7nm 和 106nm 处出现峰，在加入 $Na^+$ 后增加到 68.1nm 和 459nm，在加入 Na＋Ca 溶液后进一步增加到 531nm。在纯水中，APAM 的内部静电斥力（由于负羧基）拉伸了其长链结构。通过加入 NaCl，在压缩的双电层中，$Na^+$ 屏蔽了 APAM 内部的负电荷，由于 APAM 分子间的静电斥力减小，可能导致相邻的 APAM 分子链纠缠，从而产生较大的粒径。随着 $CaCl_2$ 的加入，$Ca^{2+}$ 与 APAM 的羧酸盐配位，导致粒径显著增大。

## 4.3.2  膜性能

### 4.3.2.1  通量和污染阻力

图 4.21(a)（见彩插）显示了 CO 和 CO/APAM 污染对 NF 膜的归一化通

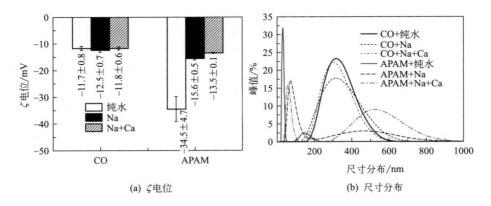

(a) ζ电位  (b) 尺寸分布

图 4.20  CO 和 APAM 在不同溶液中的 ζ 电位和尺寸分布

测试条件：溶液中含有 10mg/L CO（如果存在）、200mg/L APAM（如果存在）和 10mmol/L
CaCl₂（如果存在），总离子强度为 100mmol/L，pH 值为 7.0±0.1，温度为（25±1）℃

量（$N_f$）的影响。在没有 APAM 的情况下，CO＋Na 和 CO＋Na＋Ca 对膜的污染程度相似，在过滤结束时 $N_f$ 值分别为 0.73 和 0.74。在 CO＋APAM＋Na 情况下，膜污染在初始 2h 内加剧，$N_f$ 值显著下降至 0.81。随后 $N_f$ 值的下降速度减缓，并稳定在 0.78 左右，直到试验结束。APAM 最初可能附着在膜表面以增强亲水性，削弱 CO 与膜之间的疏水相互作用。与这三种情况相比，在 CO＋APAM＋Na＋Ca 的情况下，$N_f$ 值在开始 2h 内急剧下降到 0.69，这主要是因为 APAM 分子通过 $Ca^{2+}$-APAM 络合附着在膜表面[122]。络合也可能发生在 APAM 分子之间，导致形成一个致密的凝胶层。因此，过滤阻力明显增加，并观察到明显的通量损失。

CO 和 CO/APAM 污染对 NF 膜阻力分布的影响如图 4.21(b)（见彩插）所示。在 CO＋Na 和 CO＋Na＋Ca 情况下，NF 膜的不可逆污染阻力分别为 $0.608×10^{13}$ m$^{-1}$ 和 $0.614×10^{13}$ m$^{-1}$，对应的百分比分别为 17.7% 和 17.8%。这些结果表明，在没有 APAM 的情况下，NF 膜的不可逆污染几乎不受添加 CaCl₂ 的影响。与 CO＋Na 相比，CO＋APAM＋Na 造成的不可逆污染阻力从 $6.08×10^{12}$ m$^{-1}$ 下降到 $4.99×10^{12}$ m$^{-1}$，其百分比由 17.66% 下降到 14.93%，这说明 APAM 的存在减轻了 CO 造成的污染。膜被 CO＋APAM＋Na＋Ca 污染后，不可逆污染阻力增加到 $1.57×10^{13}$ m$^{-1}$，比例为 35.8%，说明 $Ca^{2+}$ 与 APAM 共存导致 $Ca^{2+}$-APAM 协同作用导致不可逆阻力显著增加。

### 4.3.2.2  截留性能

图 4.21(c)（见彩插）显示了 CO 和 CO/APAM 污染对 NF 膜的归一化盐截留率（$N_{rs}$）的影响。在 CO＋Na 和 CO＋Na＋Ca 情况下，过滤结束时 NF 膜的 $N_{rs}$ 值逐渐升高，分别达到 1.05 和 1.04。对这种现象有两个合理的解释：

可能是在膜污染过程中 CO 阻塞从而缩小了膜孔径,这增强了 NF 膜的尺寸筛分效应;附着在膜表面的 CO 主要是由非极性物质组成,而盐是强极性电解质。根据相似相溶性的原理,CO 不会溶解盐,而是作为离子的额外屏障[104]。在 APAM 存在的情况下(即 CO+APAM+Na),过滤结束时 NF 膜的 $N_{rs}$ 值增加到 1.06。除此之外。在膜表面积累的 APAM 可以增强尺寸筛分效应,从而降低离子的对流传质效果[185,213],提高了 NF 膜的盐截留率。膜被 CO+APAM+Na+Ca 污染后,由于 $Ca^{2+}$-APAM 络合[122]大大增加了膜表面积累的 APAM 的质量,因此在过滤结束时 NF 膜的 $N_{rs}$ 值进一步增加到 1.09[图 4.21(b)],而压实后形成的污染层进一步提高了尺寸筛分效应,削弱了离子的对流传质效应[185,213]。

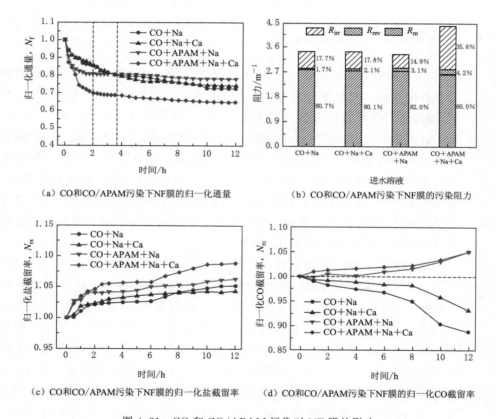

（a）CO 和 CO/APAM 污染下 NF 膜的归一化通量

（b）CO 和 CO/APAM 污染下 NF 膜的污染阻力

（c）CO 和 CO/APAM 污染下 NF 膜的归一化盐截留率

（d）CO 和 CO/APAM 污染下 NF 膜的归一化 CO 截留率

图 4.21　CO 和 CO/APAM 污染对 NF 膜的影响

试验条件：初始通量（47±1）L/(m²·h)；进料溶液中 CO 浓度为 10mg/L，APAM 浓度为 200mg/L（如果存在），$CaCl_2$ 浓度为 10mmol/L（如果存在），总离子强度为 100mmol/L；错流速度 12cm/s；pH 值 7.0±0.1；温度为（25±1）℃。需要注意的是，污染过程中的通量被初始通量归一化；污染过程中的盐/CO 截留率被初始盐/CO 截留率归一化

图 4.21(d)（见彩插）显示了 CO 和 CO/APAM 污染对 NF 膜的归一化 CO 截留率（$N_{rc}$）的影响。在 CO+Na 和 CO+Na+Ca 两种情况下，过滤结束时，NF 膜的 $N_{rs}$ 值分别逐渐下降至 0.89 和 0.93。由于疏水吸引力，CO 液

滴很容易附着在膜表面。进料压力超过了毛细管压力[191]（通常阻止油穿透膜），使 CO 液滴通过膜孔，增加了渗透水中的 CO 含量。在 CO＋APAM＋Na 和 CO＋APAM＋Na＋Ca 情况下，NF 膜的 $N_{rs}$ 值在过滤结束时逐渐增大，达到 1.05。这是因为在膜表面积累的 APAM 增强了亲水性 [图 4.23(c)]，增加了对 CO 的过滤阻力。值得注意的是，在过滤前期，CO＋APAM＋Na＋Ca 的 $N_{rc}$ 值比 CO＋APAM＋Na 的 $N_{rc}$ 值增长更快，这是因为 $Ca^{2+}$ 与 APAM 的羧基配位加速了膜表面的亲水化。

## 4.3.3　膜表征

为了评估膜污染的程度，我们研究了原始 NF 膜和被污染的 NF 膜的形态（图 4.22）、化学性质、亲水性、ζ 电位（图 4.23，见彩插）和截留分子量（图 4.24）。

NF 膜的 SEM 图像见图 4.22。如图 4.22 所示，原始 NF 膜的固有叶状表面结构是清楚的。当膜被 CO＋Na [图 4.22(b)] 或 CO＋Na＋Ca [图 4.22(c)] 污染后，可以看到大量 CO 附着在膜表面，如图 4.22(b) 和图 4.22(c) 所示。由于 APAM 具有抗 CO 的作用，因此，与 CO＋Na 或 CO＋Na＋Ca 污染膜相比，CO＋APAM 污染膜后膜表面 CO 的累积量显著减少 [图 4.22(d)]。如图 4.22(e) 所示，CO＋APAM＋Na＋Ca 污染后，CO 在膜表面几乎不可见，这是因为 $Ca^{2+}$-APAM 络合作用使大量的 APAM 积累在膜表面。

利用 EDX 元素分析确定了 NF 膜 CO 污染的程度，如图 4.23(a) 所示，与 CO＋Na 和 CO＋Na＋Ca 情况下的 N 含量（2.0％和 1.4％）相比，经 CO＋APAM＋Na 污染后，膜表面 N 含量增加到 5.9％，经 CO＋APAM＋Na＋Ca 污染后，由于 APAM 在膜表面积累，膜表面 N 含量进一步增加到 11.7％。此外，随着 N 含量的增加，CO＋APAM＋Na 和 CO＋APAM＋Na＋Ca 污染后，膜表面的 C 含量分别下降到 80.4％和 70.7％，说明当膜表面存在高浓度的 APAM 时，CO 对膜的污染得到了缓解。

从原始和被污染的 NF 膜的傅立叶变换红外光谱 [图 4.23(b)] 中可以识别出污染导致的化学性质的变化。较原始膜，污染膜在 2923cm$^{-1}$ 和 2853cm$^{-1}$ 处的 CO 特征吸收峰显著增强[137]，而 CO＋Na、CO＋Na＋Ca 和 CO＋APAM＋Na 污染后，聚酰胺 NF 膜在 1662cm$^{-1}$、1245cm$^{-1}$ 和 1151cm$^{-1}$[79] 处的固有峰明显减弱。然而，当膜被 CO＋APAM＋Na＋Ca 污染后，CO 在 2923cm$^{-1}$ 和 2853cm$^{-1}$ 处的特征峰以及 NF 膜在 1245cm$^{-1}$ 和 1151cm$^{-1}$ 处的固有峰的强度显著降低。相比之下，APAM[178] 在 3351cm$^{-1}$、3204cm$^{-1}$ 和 1662cm$^{-1}$ 处的特征吸附峰强度增大，说明 $Ca^{2+}$ 和 APAM 共存显著缓解了 CO 对 NF 膜的污染。FTIR 信息与图 4.23(a) 中的 EDX 结果一致。官能团对应于的这些波数见表 4.11。

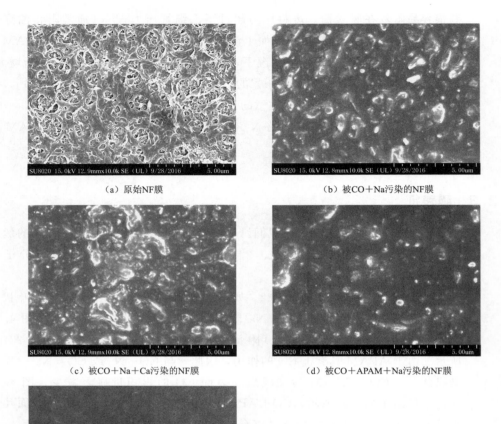

（a）原始NF膜　　　　　　　　　（b）被CO＋Na污染的NF膜

（c）被CO＋Na＋Ca污染的NF膜　　　（d）被CO＋APAM＋Na污染的NF膜

（e）被CO＋APAM＋Na＋Ca污染的NF膜

图 4.22　原膜和被污染的 NF 膜的 SEM 图像

**表 4.11　FTIR 中相应组的波数**[119,178]

| 编号 | 波数/m$^{-1}$ | 对应的官能团 |
| --- | --- | --- |
| 1 | 3351 | —NH$_2$ 对称伸缩 |
| 2 | 3204 | —NH$_2$ 不对称伸缩 |
| 3 | 2923 | —CH$_2$ 不对称伸缩 |
| 4 | 2853 | —CH$_2$ 对称伸缩 |
| 5 | 1662 | 酰胺 I 键（C=O）伸缩 |
| 6 | 1245 | aryl—O—aryl 基团的 C—O—C 不对称伸缩 |
| 7 | 1151 | SO$_2$ 对称伸缩 |

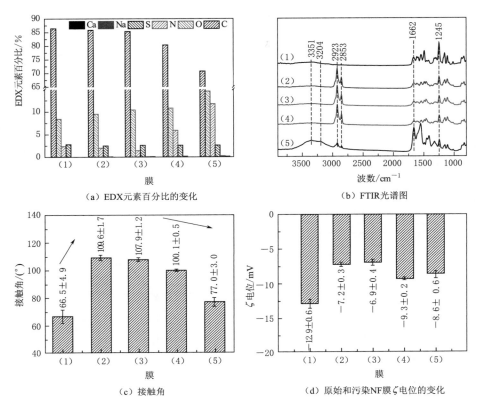

（a）EDX元素百分比的变化　　　　（b）FTIR光谱图

（c）接触角　　　　（d）原始和污染NF膜ζ电位的变化

图 4.23　污染对 NF 膜性质的影响

（1）—原始 NF 膜；（2）—被 CO＋Na 污染的 NF 膜；（3）—被 CO＋Na、CO＋Na＋Ca 污染的 NF 膜；
（4）—被 CO＋APAM＋Na 污染的 NF 膜；（5）—被 CO＋APAM＋Na＋Ca 污染的 NF 膜
ζ 电位的试验条件：背景电解质（NaCl）浓度 100mmol/L，pH 值 7.0±0.1，温度（25.0±1.0）℃

　　为确定污染后 NF 膜亲水性的变化，对原始 NF 膜和污染 NF 膜进行了水接触角测量，结果如图 4.23（c）所示。被 CO＋Na 和 CO＋Na＋Ca 污染的膜的接触角分别从原始膜的 66.5°±4.9°增加到 109.6°±1.7°和 107.9°±1.2°，因为 CO 在膜表面的积累导致膜表面比原膜表面更疏水。当膜表面被 CO＋APAM ＋Na 污染后，由于 CO 附着对 APAM 的缓解，膜表面的接触角减小到 100.1° ±0.5°。膜被 CO＋APAM＋Na＋Ca 污染后，膜表面变得更加亲水，接触角为 77.0°±3.0°，这是由于 $Ca^{2+}$-APAM 络合作用使大量 APAM 积聚在膜表面，显著降低了 CO 的污染。

　　原始和污染 NF 膜的表面电荷如图 4.23（d）所示。值得注意的是，测试的膜片都带负电荷，因为测试的膜表面的等电点小于 7.0。被污染的 NF 膜的 ζ 电位均低于原膜。在没有 APAM 的情况下，由于负电荷较少的 CO 屏蔽了原始膜表面的羧基，污染后膜表面负电荷减少。在 APAM 存在的情况下，污染膜的表面电荷在污染后变得更负（CO＋APAM＋Na 和 CO＋APAM＋Na＋Ca 分别为 -9.3mV±0.2mV 和 -8.6mV±0.6mV。ζ 电位越负证明膜表面来自 APAM 的羧基数量越多。

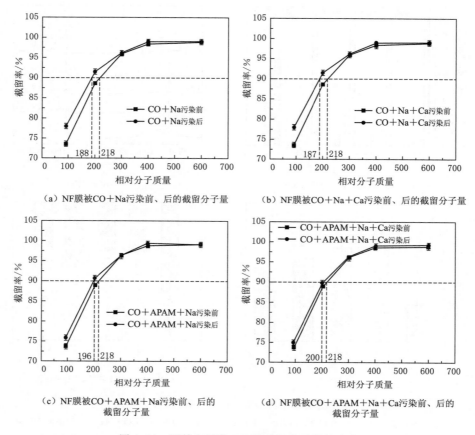

（a）NF膜被CO＋Na污染前、后的截留分子量

（b）NF膜被CO＋Na＋Ca污染前、后的截留分子量

（c）NF膜被CO＋APAM＋Na污染前、后的截留分子量

（d）NF膜被CO＋APAM＋Na＋Ca污染前、后的截留分子量

图 4.24　原始和污染 NF 膜截留分子量的变化

试验条件：进水压力 1.0MPa；含 200mg/L 不带电有机物的进水溶液；

错流速度 12cm/s；温度为（25±1）℃

### 4.3.4　截留分子量变化

为了评估污染后膜孔径的变化，测量了原始膜和污染膜的截留分子量的差异（图 4.24）。受 CO＋Na 和 CO＋Na＋Ca 污染的 NF 膜的截留分子量分别由原膜的 218 下降到 188 和 187。这说明 CO 堵塞了的膜孔，导致膜孔变小。当膜被 CO＋APAM＋Na 和 CO＋APAM＋Na＋Ca 污染后，NF 膜的截留分子量分别增加到 196 和 200，说明 APAM 降低了 CO 引起的膜孔堵塞。

综上所述，与初始 NF 阶段相比，在伪稳定阶段，通过添加 APAM 可以获得更高的渗透通量和更低的污染阻力。通过在 CO 溶液中加入 APAM，上述对原始和污染 NF 膜的 EDX 元素百分比、FTIR 光谱、接触角和 ζ 电位的变化，呈现出亲/疏水性混合界面（即 APAM/CO 界面体系）。APAM/CO 混合溶液中 MWCOs 的增加表明孔径窄化降低，可以提高膜通量。此外，通过添加具有亲水性界面的 APAM 分子链，可以对具有疏水性界面的油乳液的吸附产生能量屏障，从而提高 NF 膜的 CO 截留率。

　　基于试验结果，提出的 NF 膜在含油废水处理中的污染机理和性能变化模型如图 4.25 所示（见彩插）。在没有 APAM 的情况下［图 4.25（a）和（b）］，CO 液滴很容易通过疏水相互作用附着在 NF 膜表面，并在外加的压力下逐渐挤压到膜孔中。因此，膜表面的疏水性增强，膜孔被堵塞。因此，通过增强 NF 膜的尺寸排斥性，提高了对盐的截留率。外加的压力迫使 CO 通过膜孔，污染过程中渗透物的 CO 含量增加。

　　当 APAM 加入系统时［图 4.25（c）］，APAM 分子内部的负电荷被 Na+ 在一个压缩的双电层中屏蔽。膜表面与 APAM 之间的静电斥力因此被降低。APAM 通过氢键和疏水性吸附在膜表面积累，增加了膜表面的亲水性，疏水 CO 与膜表面的亲水性排斥增强。从而缓解了 CO 引起的膜表面和堵孔污染；NF 膜的 CO 分离性能在污染过程中逐渐提高。此外，由于尺寸排斥和离子对流传质的阻碍，NF 膜对盐的截留率提高[185,213]。

　　在 CO＋APAM＋Na＋Ca［图 4.25（d）］情况下，Ca2+ 与膜表面和 APAM 的羧酸盐协同作用，增加了膜表面亲水性并压实了污染层。APAM 和膜表面的亲水排斥进一步增强，CO 的去除率进一步提高，CO 引起的膜孔堵塞得到了缓解，由 APAM 形成的密集污染层进一步阻碍了盐的对流传质[185,213]，盐截留率进一步增强。

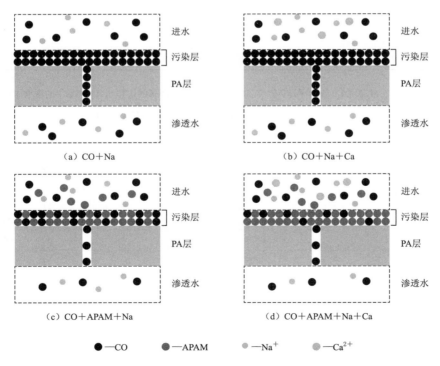

图 4.25　NF 膜在不同污染情况下性能变化模型

### 4.3.5 污染物-电解质-膜/污染物界面自由能及其与膜性能的关系

对应于前面提到的 APAM 的缓解性能，本书介绍了基于 XDLVO 理论的界面热力学分析，包括污染物和 NF 膜的接触角和表面张力（见表 4.12 和表 4.13）以及不同盐溶液中污染物-污染物/膜界面自由能（见表 4.14）。

表 4.12　NF90、CO 和 APAM 的接触角　　　　单位：(°)

| 探针溶液 | NF90 | CO | APAM |
|---|---|---|---|
| 甲酰胺 | 55.68±3.31 | 73.87±2.23 | 37.81±3.20 |
| 二碘甲烷 | 58.91±2.03 | 50.41±1.35 | 46.83±2.97 |
| NaCl | 66.44±1.74 | 102.50±1.86 | 68.68±3.51 |
| NaCl+CaCl$_2$ | 80.03±3.77 | 101.80±2.34 | 76.27±2.24 |

表 4.13　NF90、APAM 和 CO 在不同溶液中的表面张力

单位：mJ/m$^2$

| 溶液条件 | 膜或污染物 | $\gamma^{LW}$ | $\gamma^+$ | $\gamma^-$ | $\gamma^{AB}$ | $\gamma^{TOT}$ |
|---|---|---|---|---|---|---|
| NaCl | NF90 | 29.20 | 0.66 | 18.33 | 6.95 | 36.16 |
| | APAM | 36.02 | 2.76 | 6.85 | 8.70 | 44.72 |
| | CO | 34.05 | 0.00 | 0.04 | 0.02 | 34.07 |
| NaCl+CaCl$_2$ | NF90 | 29.20 | 1.77 | 4.53 | 5.67 | 34.87 |
| | APAM | 36.02 | 3.81 | 2.01 | 5.54 | 41.56 |
| | CO | 34.05 | 0.00 | 0.10 | 0.01 | 34.06 |

表 4.14　在不同溶液中 APAM-NF90、CO-NF90 和 APAM-CO 的黏附能

以及 APAM-APAM 和 CO-CO 的内聚自由能　　　单位：mJ/m$^2$

| 溶液条件 | 膜或污染物 | $\Delta G^{LW}$ | $\Delta G^{AB}$ | $\Delta G^{TOT}$ |
|---|---|---|---|---|
| NaCl | APAM-NF90 | −1.96 | −25.83 | −27.79 |
| | CO-NF90 | −1.71 | −48.87 | −50.58 |
| | APAM-APAM | −3.11 | −32.97 | −35.64 |
| | CO-CO | −2.72 | −97.45 | −100.17 |
| | APAM-CO | −3.11 | −57.17 | −60.28 |
| NaCl+CaCl$_2$ | APAM-NF90 | −1.96 | −45.11 | −47.07 |
| | CO-NF90 | −1.71 | −64.71 | −66.42 |
| | APAM-APAM | −3.11 | −45.55 | −47.67 |
| | CO-CO | −2.72 | −96.55 | −99.27 |
| | APAM-CO | −3.11 | −65.84 | −68.95 |

表 4.14 给出了电解质溶液中污染物-膜/污染物的界面自由能。在 NaCl 电解质中，CO 与 NF90 之间、APAM 与 NF90 之间的总界面黏附能分别为

$-50.58mJ/m^2$ 和 $-27.79mJ/m^2$。而 CO 的总界面内聚自由能为 $-100.1mJ/m^2$，APAM 分子的总界面内聚自由能为 $-35.64mJ/m^2$。此外，CO 与 APAM 分子之间的黏附能为 $-60.28mJ/m^2$，低于 CO 之间的黏附能（$-100.17mJ/m^2$），但高于 APAM 分子之间的黏附能（$-35.64mJ/m^2$）。另外，在 $CaCl_2$ 电解质中也出现了类似的现象。

NaCl 电解质中 CO-NF90 的黏附能高，表明 CO 与 NF90 膜的黏附效果越好。较高的 CO-CO 内聚能可以在浓差极化层（CPL）中生成大量的油乳液，加速随后不可逆污染层（即 CO 饼层）的形成。此外，CO-CO 内聚能越高，$R_{irev}$ 越高，因此在过滤的伪稳定阶段，通量下降越严重。通过添加 APAM 分子，CO-APAM 的黏附能低于 CO-CO 的内聚能，可以阻碍不可逆污染层的形成（即 CO-APAM 净层），也降低了 $R_{irev}$ 和增强了伪稳定通量。此外，污染层中的 APAM 的存在降低了膜孔堵塞，进一步提高了膜通量。

值得注意的是，在 NF 的初始阶段，加入 APAM 的 NaCl 溶液中的通量下降速率高于不添加 APAM 的 NaCl 溶液。这一速率与较高的 $R_{rev}$ 密切相关，这是由于 CPL（高浓度）和渗透水（低浓度）之间的较大浓度梯度导致较高的渗透压[122]。在污染层中，具有一定物质的量的 APAM 分子（作为一种分子电解质）比具有相同物质的量的油乳液（作为一种胶体粒子）产生更高的渗透压（由 CPL 与渗透水之间的浓度梯度引起）。此外，具有高斯链结构的 APAM 分子可能比具有球形结构的油乳状液对表面孔隙的堵塞更加严重，进一步加剧了初始污染。

如表 4.14 所示，在被测试电解质中加入 $CaCl_2$ 时，APAM-APAM 的内聚能从 $-35.64mJ/m^2$ 增加到 $-47.67mJ/m^2$，这可能是由于 $Ca^{2+}$ 协同 APAM 的羧酸盐生成亲水性减弱的 APAM-Ca 配合物所致。配位相互作用超过了 XDLVO 理论的基本相互作用，不适合用热力学自由能直接分析。一般而言，配位键是强相互作用，可能导致 CPL 中 APAM 浓度高于无 $Ca^{2+}$ 共存时的 APAM 浓度。APAM 浓度越高，CPL 与渗透水之间的浓度梯度越高，渗透压越高。因此，在进料溶液中加入 $Ca^{2+}$，$R_{rev}$ 进一步恶化[图 4.21(b)]，在所有情况下，初始阶段的通量损失都是最严重的[图 4.21(a)]。

总地来说，作为聚合物电解质的 APAM 添加剂可以提高 CPL 与渗透水之间的渗透压，在初始 NF 时产生更大的 $R_{rev}$ 和更严重的通量损失。同时加入 APAM 和 $Ca^{2+}$，形成强烈的 APAM-Ca 协同效应，进一步加剧了初始膜污染。令人满意的是，在伪稳定阶段，APAM-CO 的黏附能低于 CO-CO/膜自由能，从而产生较小的 $R_{irr}$ 和高的伪稳定通量。

## 4.3.6 通过化学清洗恢复通量

为了考察 APAM 添加对污染层化学稳定性的影响，测定了化学清洗污染 NF 膜的通量恢复率，如图 4.26 所示。在没有 APAM 的情况下，受 CO＋Na

和 CO＋Na＋Ca 污染的 NF 膜化学清洗后的归一化通量分别为 0.82 和 0.83。通过在进水中加入 APAM，采用相同化学清洗方法后，CO＋APAM＋Na 污染 NF 膜的归一化通量提高到 0.94，CO＋APAM＋Na＋Ca 污染 NF 膜的归一化通量提高到 0.90。这种通量恢复的改善表明了 APAM 对不可逆污染层的化学稳定性的缓解作用。稳定性降低的原因可能是 APAM-CO 和 APAM-膜的黏附能低于 CO-CO 和 CO-膜的自由能，这可能是在进水中加入 APAM 时，不可逆污染层的热力学系统减弱[210]。

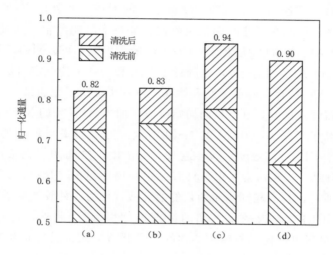

图 4.26　污染膜的化学清洗通量恢复

（a）、（b）（c）和（d）分别代表 CO＋Na、CO＋Na＋Ca、CO＋APAM＋Na 和
CO＋APAM＋Na＋Ca 污染膜的化学清洗通量恢复。清洗条件：含有 0.8％
EDTA-4Na＋1.0％SDBS 的清洗液；清洗时间 30min；pH 值为 12.0±0.1；
温度为（40±1）℃。试验条件与图 4.21 相同，只是进水用去离子水替代

## 4.4　本章小结

本章通过研究 APAM 的相对分子质量对 NF 膜污染的影响，$SiO_2$ 胶体对 APAM 造成的 NF 膜污染的影响以及 CO 和 APAM 的复合污染特性，得到以下结论。

① 在相同的溶液条件下，500APAM 所造成的膜污染强于 50APAM，其膜面累积量、不可逆污染阻力和比阻大于 50APAM。加入 $CaCl_2$ 后，膜污染进一步加强。以上结论与 SEM-EDX、FTIR 和接触角测定结果一致。界面热力学计算结果表明，在相同的溶液条件下，500APAM-膜面之间的黏附能和 500APAM 之间的内聚自由能大于 50APAM 的，500APAM 与 NF 膜以及 500APAM 之间的相互作用更强。前期污染速率与 APAM 和膜之间的黏附能

线性关系较好，而后期污染速率与 APAM 之间的内聚自由能线性关系较差。力曲线的测定结果表明：由于 500APAM 分子之间的纠缠作用强于 50APAM，500APAM 之间的脱附线相互作用距离和最大值大于 50APAM 之间的。

②　在相同的溶液条件下，加入胶体 $SiO_2$ 后，与未添加胶体 $SiO_2$ 相比较，膜面污染物的总累积量、不可逆污染阻力和比阻都变大。加入 $CaCl_2$ 后，膜污染进一步加强。以上结论与 SEM-EDX、FTIR 和接触角测定结果一致。界面热力学计算结果表明，在相同的溶液条件下，加入胶体 $SiO_2$ 后，500APAM 膜之间的黏附能以及 500APAM 之间的内聚自由能与未加入时相比较变化不大。前期污染速率与 APAM 和膜之间的黏附能线性关系较好，而后期污染速率与 500APAM 之间的内聚自由能线性关系较差。力曲线的测定结果表明：由于胶体 $SiO_2$ 的纳米尺寸效应，加入胶体 $SiO_2$ 后 500APAM 之间的黏附能显著变大，导致通量损失加剧。

③　CO 会通过疏水作用在膜面附着，使膜面疏水作用增强，通量降低。同时，CO 会堵塞膜孔，降低膜的截留分子量，使膜孔减小。在 CO 与 500APAM 共存的条件下，500APAM 与膜面的相互作用会减轻 CO 所造成的膜污染。当 $CaCl_2$ 加入后，500APAM 与膜面的相互作用增强，会显著降低 CO 的污染。这些结论与 SEM-EDX、FTIR 和接触角的测定结果一致。

第**5**章

# 聚驱采油废水污染纳滤膜
# 的清洗与机理

目前我国大部分油田已经进入中后期。为了提高油田的 CO 采收率，聚合物驱采油技术因其广泛的适应性、易操作性和低成本而被应用。制备聚合物溶液的常规方法是在清水中添加阴离子聚丙烯酰胺（APAM），以增加流体黏度和波及系数。然而，作为聚合物驱采油技术过程会不断产生大量废水，这种废水的直接排放不仅对环境造成很大危害，而且是对水资源的浪费。此外，许多杂质，包括高浓度的悬浮固体和盐分，在与地质介质相互作用的过程中溶解在驱油液中[214,215]，加剧了处理生产废水的难度。即使经过一系列预处理，如混凝、沉淀、砂过滤和超滤，产生的废水仍具有很高的盐分，并含有一些残留有机物。

由于 NF 技术的高通量和对溶解物、有机物和胶体物质的高截留率，该技术已广泛应用于地下水净化[138,187]、微咸水脱盐、污水回用[214,215]以及工业废水回收等领域。然而，膜污染极大地限制了 NF 膜设备的有效运行，恶化了膜性能，增加了运行成本[35,45,126]，这和其他基于膜的分离过程［例如超滤（UF）[121,122,216]、电渗析（ED）[110]、正向渗透[123,124]］一样。尽管已经做出巨大努力来减轻膜污染，包括进水预处理[35,45,126]、操作参数优化[127]和膜表面改性，膜污染仍不可避免。因此，膜的周期性化学清洗对于保持 NF 系统的产水率必不可少。

膜清洗中最常用的化学试剂可分为六类：酸、碱、氧化剂、螯合剂、表面活性剂和配方试剂。清洗剂应根据膜污染的类型进行选择。例如，酸清洗用于消除无机物质化学沉淀造成的无机垢，而碱清洗用于去除沉积在膜表面的有机污染物[215,217-219]；金属螯合剂可以破坏由多价离子桥接羧酸基团形成的交联凝胶污染层；具有两亲结构的表面活性剂能够溶解膜表面的脂肪、油和蛋白质；氧化剂能够分解酰胺基团，不适合清洗聚酰胺膜[70]；通过混合一系列试剂制成的配方溶液已经被开发出来，以解决特定的膜污染问题[70]。

然而，现有的清洗剂和方法通常只适用于特定类型的膜污染；这是因为不同清洗剂和污染物之间的反应机制不同。水源水质的变化通常会产生一系列污染情况[109]。例如，最近的研究表明，用于废水再利用和海水淡化的反渗透（RO）膜污染层的组成之间有显著差异。最近，关于 UF[121]、ED[110] 和 FO 膜[220,221] 的化学清洗已经被报道。不幸的是，很少有报道提到开发一种用于含有复杂的有机和无机物质的聚驱采油废水污染 NF 膜清洗的清洗剂[132]。

本研究的具体目标如下：

① 确定采油废水污染 NF 膜的主要污染物；

② 通过比较长时间清洗效率确定合适的化学试剂；

③ 提出最有效的清洗剂的清洗机制。

这些工作可以优化采油废水污染 NF 膜的清洗方案。

## 5.1 清洗剂短时间清洗效果比较

本部分对清洗剂的短时间（清洗时间为 1.5h）清洗效果进行比较，试验中所用清洗剂列于表 5.1，其中包括酸清洗剂（盐酸、柠檬酸和乙酸）、碱清洗剂（NaOH）、金属螯合剂［三聚磷酸钠（STPP）和乙二胺四乙酸四钠（EDTA-4Na）］、表面活性剂［十二烷基苯磺酸钠（SDBS）、十二烷基二甲基甜菜碱（BS-12）、十二烷基三甲基氯化铵（DTAC）和十六烷基三甲基氯化铵（CTAC）］和商用清洗剂（PL-007 和 Diamite BFT）。

**表 5.1　试验中所用清洗剂**

| 编号 | 清洗剂 | 编号 | 清洗剂 |
|---|---|---|---|
| 1 | 0.2％盐酸 | 7 | 1％SDBS |
| 2 | 0.5％柠檬酸 | 8 | 1％BS-12 |
| 3 | 0.5％乙酸 | 9 | 1％DTAC |
| 4 | NaOH，pH＝12 | 10 | 1％CTAC |
| 5 | 0.8％STPP，pH＝12 | 11 | 2％ PL-007 |
| 6 | 0.8％ EDTA-4Na，pH＝12 | 12 | 2％ Diamite BFT |

图 5.1(a) 给出了用各种清洗剂进行短时间（1.5h）清洗对污染膜的通量（$J$）和比通量（$S_f$）的影响。用柠檬酸、EDTA-4Na、SDBS、BS-12、DTAC 和商业清洗剂（Diamite™ BFT）清洗后，污染膜的 $J$ 和 $S_f$ 值增加；然而，在用 CTAC 清洗后膜的 $J$ 和 $S_f$ 值显著下降。使用其他清洗剂后，膜的 $J$ 和 $S_f$ 值几乎没有变化，表明这些清洗剂对膜通量恢复无效。污染膜的脱盐率是评价清洗效率的另一个重要指标。如图 5.1(b) 所示，用 CTAC 清洗后，污染膜的脱盐率显著下降，而其他化学药剂清洗后，膜的脱盐率几乎没有变化，表明 CTAC 保持膜性能的能力最低。根据前述膜的通量和脱盐率变化，选择柠檬酸、EDTA-4Na 和表面活性剂进行进一步的长时间清洗试验。

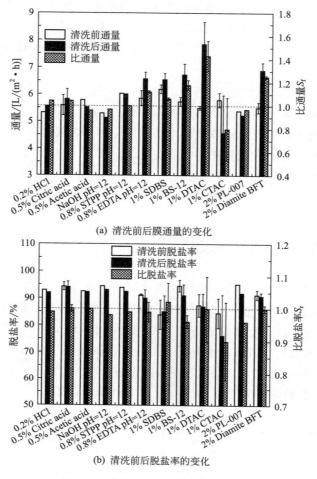

(a) 清洗前后膜通量的变化

(b) 清洗前后脱盐率的变化

图 5.1　清洗剂 1.5h 清洗效果比较

## 5.2 长时间清洗效果

　　为了获得最佳方案，进行了一系列长时间清洗试验，最长持续时间设定为 24h。柠檬酸、EDTA-4Na 和表面活性剂的清洗效率分别如图 5.2～图 5.4 所示。

### 5.2.1 柠檬酸的清洗效率

　　柠檬酸长时间清洗对污染膜的 $J$ 和 $S_f$ 的影响如图 5.2(a) 所示。$S_f$ 随清洗时间而变化；清洗 1.5h 后增加到 $1.04\pm0.05$，然后随着进一步清洗至 24h，它略微下降到 $0.94\pm0.01$。这一变化是由于柠檬酸在短时间清洗过程中首先从膜表面去除无机污垢。随着清洗时间的继续，聚酰胺膜表面的羧酸根由于酸暴露而质子化；活性层中羧酸根之间的静电排斥减少，导致膜孔收缩。当 NaCl 溶液再次过滤时，NF 膜的中和活性层不能立即去质子化（即存在延迟），导致通量持续下降。用柠檬酸长时间清洗对污染膜的脱盐率（$R$）和比脱盐率（$S_r$）的影响如图 5.2（b）所示。$S_r$ 随清洗时间而变化；清洗 1.5h后，它增加到 $1.02\pm0.03$，清洗至 24h 略微下降到 $0.89\pm0.03$。清洗 1.5h后，NF 膜孔在酸性环境中收缩；因此，NF 膜的筛分效果增强，导致脱盐率的增加。当清洗时间增加到 24h 时，膜表面的羧基逐渐质子化[70,134]，减少了 NF 膜的静电排斥效应，脱盐率降低。

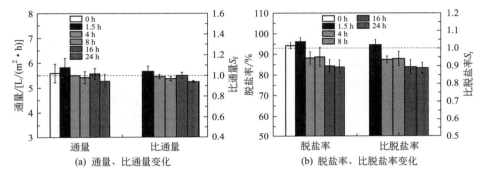

图 5.2　柠檬酸清洗前、后膜的通量、比通量、脱盐率和比脱盐率变化

## 5.2.2　EDTA-4Na 的清洗效率

图 5.3 给出了 EDTA-4Na(pH＝12) 长时间清洗对污染膜的 $J$、$S_f$、$R$ 和 $S_r$ 值的影响。清洗 1.5h 后，$S_f$ 值达到 $1.12\pm0.04$[图 5.3(a)]，表明 EDTA-4Na 对通量恢复的有效性。当清洗持续时间延长至 24h 时，没有发生显著变化，这表明只有部分膜污染可能是由羧酸根与金属离子的桥接作用引起的。相反，无论清洗持续时间如何，用 EDTA-4Na 清洗都会轻微影响污染膜的脱

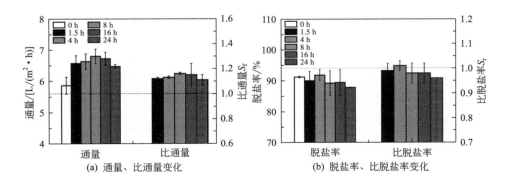

图 5.3　EDTA-4Na 清洗对膜的通量和比通量以及脱盐率和比脱盐率的影响

盐率［图 5.3(b)］。

## 5.2.3 表面活性剂的清洗效率

如 5.1 部分所述，表面活性剂（DTAC 和 BS-12）对聚驱采油废水污染的 NF 膜具有较好的清洗效果，本部分将重点分析表面活性剂长时间的清洗效果和清洗机理，主要研究阴离子型表面活性剂 SDBS、两性离子型表面活性剂 BS-12、阳离子型表面活性剂 DTAC 和 CTAC，以及一种含有阴离子表面活性剂的商用清洗剂 Diamite BFT 对现场污染 NF 膜的清洗效果，各种表面活性剂的相对分子质量和结构式见表 5.2。

表 5.2 表面活性剂的相对分子质量和结构式

| 类型 | 相对分子质量 | 结构式 |
| --- | --- | --- |
| SDBS | 348.5 | |
| BS-12 | 313.5 | |
| DTAC | 263.9 | |
| CTAC | 320.0 | |

### 5.2.3.1 表面活性剂浓度对清洗效果的影响

图 5.4(a) 和 (b) 给出了不同浓度的表面活性剂短时间清洗后对膜的通量 ($J$) 和比通量 ($S_f$) 的影响。可以看出，浓度为 1% 的 DTAC 和 BS-12 的清洗效果最好，清洗后，膜的 $S_f$ 值分别达到了 1.43 和 1.18，但是当浓度为 0.2% 和 0.5% 时，清洗后通量恢复效果不佳，这可能是由于在较高的浓度条件下，表面活性剂形成的胶束对膜面的 APAM 和 CO 的去除能力更强。三种浓度的 SDBS 清洗后，膜的 $S_f$ 值并没有明显的变化，在浓度为 0.5% 和 1% 的情况下，仅升高至 1.06 和 1.07，表明当浓度大于 0.5% 时，阴离子表面活性剂浓度的高低，对膜通量的恢复并没有太大的影响。值得注意的是三种浓度的 CTAC 清洗后，膜的 $S_f$ 值出现明显的下降，且浓度越高，$S_f$ 值下降越严重，这是由于带正电的 CTAC 与带负电膜面，通过静电引力作用结合在一起，增大了过滤的阻力，阳离子表面活性剂 CTAC 清洗会进一步加重 NF 膜表面的污染。

图 5.4(c) 和 (d) 给出了不同浓度的表面活性剂短时间清洗后对膜的脱

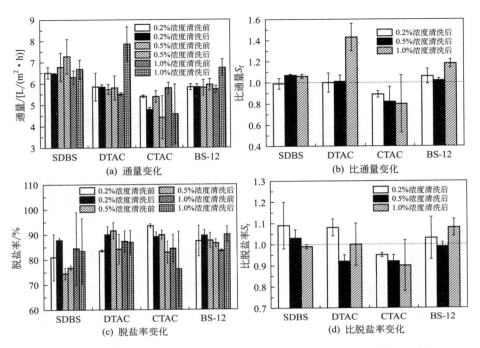

图 5.4 表面活性剂浓度对膜的通量和比通量以及脱盐率和比脱盐率的影响

盐率（$J$）和比脱盐率（$S_r$）的影响。可以看出，阴离子表面活性剂 SDBS 清洗后，膜的 $S_r$ 值升高，三种浓度清洗后，$S_r$ 的平均值为 1.04，这可能是由于 SDBS 的疏水端与膜面的疏水结构相结合，带负电的亲水端使膜面的负电荷密度增大，膜面与离子间的静电斥力作用增强，脱盐率提高。而 DTAC 和 BS-12 两种表面活性剂清洗后，膜的 $S_r$ 值变化不大，表明两种表面活性剂对膜面的负电荷密度影响不大。但是，三种浓度的 CTAC 清洗后，膜的 $S_r$ 值分别下降至 0.95、0.92 和 0.9，这是由于附着在膜面的 CTAC 对膜面固有的负电荷造成屏蔽，使膜面负电荷密度降低，其对离子的静电斥力作用被削弱。

#### 5.2.3.2 表面活性剂的清洗效率

不同表面活性剂的清洗时间对污染膜的 $J$ 和 $S_f$ 值的影响如图 5.5(a) 和图 5.5(b) 所示。SDBS 溶液的 $S_f$ 值在清洗 4h 后增加，但在清洗 8h、16h 和 24h 后持续下降。这一结果与使用含有阴离子表面活性剂的商业清洗剂 Diamite™BFT 的趋势一致。随后的 $S_f$ 下降可能是由于 SDBS 单体通过疏水相互作用吸附在膜表面，这可能会给水通过膜带来额外的阻力。值得注意的是，Diamite™BFT 清洗的最大 $S_f$ 值（1.43±0.07）高于 SDBS 清洗的最大 $S_f$ 值（1.17±0.01），这可归因于 Diamite™BFT 中表面活性剂、氢氧化钠和 EDTA 的协同效应。BS-12 溶液的 $S_f$ 值几乎随清洗时间线性增加，清洗 24h 后达到最大值 1.57±0.04。出乎意料的是，尽管 DTAC 和 CTAC 都是阳离子表面活性剂，但清洗 24h 后 DTAC 清洗的 $S_f$ 显著增加到 $1.98\pm0.15$，而 CTAC 清洗的 $S_f$ 显著下降到 $0.92\pm0.07$。在下面介绍表面活性剂和清洗后 NF 膜的特性时将详细讨论其原因。

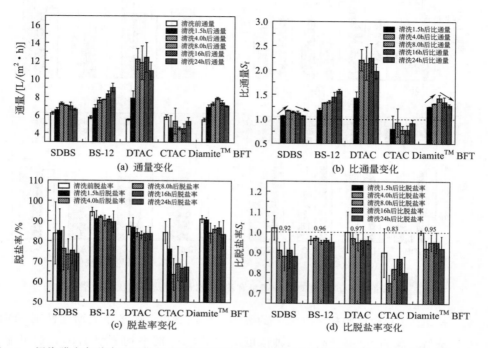

图 5.5　污染膜在各种表面活性剂中清洗不同时间后通量和比通量以及脱盐率和比脱盐率的变化

表面活性剂清洗不同时间后污染膜的 $R$ 和 $S_r$ 的变化分别见图 5.5(c) 和(d)。所有的试验表面活性剂清洗后污染膜都显示 $S_r$ 减少，但每种表面活性剂的减少程度不同。用 SDBS 和 Diamite™BFT 清洗的膜的 $S_r$ 值出现中等程度的下降（分别降至 $0.88\pm0.06$ 和 $0.92\pm0.06$）。这种行为可能是因为 SDBS 有效地增加了膜的孔径，洗脱了堵塞膜孔内部的污染物。出于同样的原因，BS-12 的 $S_r$ 值降至 $0.95\pm0.04$，DTAC 降至 $0.97\pm0.02$。与 SDBS 相比，DTAC 和 BS-12 显示出类似的下降，尽管清洗后膜的通量很高，并且清洗后膜的孔径较大。这种现象可能是由于 DTAC 和 BS-12 对膜表面电荷的有利影响 [图 5.6(b)]，这改善了清洗后膜的截留能力。CTAC 清洗后，$S_r$ 有明显的下降（从 1.00 到 $0.80\pm0.08$），这很可能是因为紧密吸附的 CTAC 单体屏蔽了 NF 膜表面固有的负电荷[222]，从而减弱了道南排斥效应。

总之，对比清洗后污染膜的通量和脱盐率的变化，DTAC 比 CTAC 对采油废水污染 NF 膜的清洗更有效。如图 5.5(b) 所示，在 DTAC 清洗 4h 后，NF 膜的 $S_f$ 值达到 $2.21\pm0.22$，接近清洗 16h 后的最大值 $2.25\pm0.30$，因此，DTAC 的最佳清洗时间可以设置为 4h。所选表面活性剂的清洗机理将在后面进行进一步的研究。

## 5.3 清洗前后膜表征

### 5.3.1 红外光谱和 ζ 电位分析

表面活性剂对污染膜的 FTIR 谱图和 ζ 电位的影响如图 5.6(a) 所示。相对于未清洗膜的 FTIR 谱图的相应峰值强度，APAM($3310cm^{-1}$)、CO($2924cm^{-1}$ 和 $2854cm^{-1}$) 和二氧化硅 ($1042cm^{-1}$) 的特征峰强度在清洗 24h 后显著降低，这表明所有试验的表面活性剂都能有效地去除膜表面污染物。此外，图 5.6(b)给出了清洗前、后污染膜的 ζ 电位的变化。用 SDBS 清洗后，污染膜的 ζ 电位从 ($19.9\pm0.3$)mV 增加到 ($26.1\pm0.3$)mV，表明附着和屏蔽膜表面电荷的污染物被清除。然而，与 SDBS 相反，用 BS-12、DTAC 和 CTAC

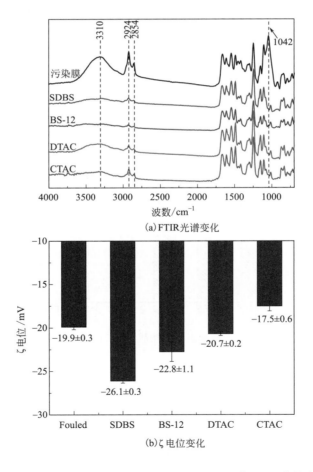

(a)FTIR光谱变化

(b)ζ电位变化

图 5.6 表面活性剂清洗前、后污染膜的 FTIR 光谱和 ζ 电位的变化

清洗后，膜表面的 ζ 电位分别从 （26.1±0.3)mV 下降到 （22.8±1.1)mV、（20.7±0.2)mV 和 （17.5±0.6)mV。这可能是由于带有正电荷的表面活性剂 （即BS-12、DTAC 和 CTAC；图 5.11）吸附到带负电荷的膜表面上[222]。

### 5.3.2 表面接触角

未清洗污染膜和表面活性剂清洗 24h 后膜片的表面接触角见图 5.7。可以看出，SDBS 和商用清洗剂 Diamite BFT 清洗后，膜面接触角从 70.02° 分别下降至 60.67° 和 56.74°，表明阴离子表面活性剂清洗后，表面活性剂的疏水端与膜面疏水结构结合，其亲水端使膜面更加亲水，接触角下降。而 BS-12 和 DTAC 清洗后，膜面接触角基本保持不变，分别为 68.95° 和 70.31°，膜面接触角的值与新的未受污染的 NF90NF 膜的膜面接触角 （其值为 75.56°）更加接近，表明 BS-12 和 DTAC 清洗后，不易对膜面造成"二次污染"，即其不易在膜面附着，这将在后文进一步验证。而 CTAC 清洗后，膜面接触角值降至 57.7°，这是由于 CTAC 的带电端与带负电的膜面通过静电作用吸附在一起，在清洗过程中采用的表面活性剂浓度较高，溶液中的 CTAC 分子疏水端与在膜面附着的 CTAC 疏水端通过疏水作用结合，从而使亲水端暴露，降低膜面接触角。

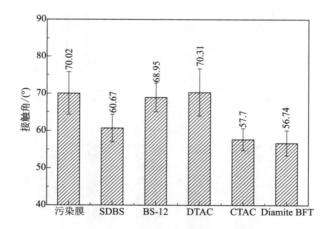

图 5.7　未清洗污染膜和表面活性剂清洗 24h 后膜片的表面接触角

### 5.3.3　SEM 图

污染 NF 膜的代表性扫描电镜图如图 5.8 所示。污染层几乎完全覆盖膜表面，全芳族聚酰胺膜表面固有的"叶片状"形貌不可见。在 SDBS、BS-12、DTAC 和 CTAC 清洗后，覆盖膜表面的污染层被大部分去除，并且 NF 膜表面固有的"叶片状"结构清晰可见 [图 5.8(b) ～图 5.8(e)]，这表明所有试验的表面活性剂对膜表面污染物的去除都是有效的。

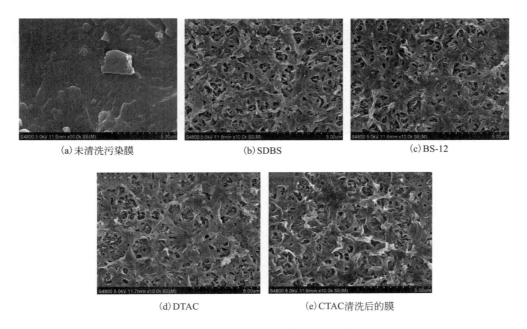

(a)未清洗污染膜 （b)SDBS （c)BS-12

(d)DTAC （e)CTAC清洗后的膜

图 5.8　清洗前、后污染膜的扫描电镜图

## 5.3.4　DTAC 清洗前后膜面 XPS 分析

图 5.9 给出了未清洗污染膜 ［（a） 和 （c）］ 和 DTAC 清洗 24h 后膜面 ［（b） 和 （d）］ 的 XPS 窄谱图 （见彩插）。表 5.3 给出了 XPS 结合能对应的归属及其百分比。可以看出，C1s 在结合能 284.4eV 处对应的官能团为 C—C/C—H，其百分比从清洗前的 83.6% 降至清洗后的 72.6%，在结合能 286.1eV 和 288.0eV 处对应的官能团分别为 C—O/C—N 和 O＝CO—，其百分比分别从清洗前的 13.3% 和 3.6% 升高至清洗后的 23.6% 和 3.8%。APAM 和 CO 中含有丰富的 C—C/C—H 官能团，其百分比的下降，表明 DTAC 清洗去除了大量的 APAM 和 CO。而 C—O/C—N 和 O＝CO—是聚酰胺 NF 膜表面固有的特征官能团，其百分比的升高，表明 DTAC 清洗后，膜面暴露出来。

表 5.3　XPS 结合能对应的归属及其百分比[57,223]

| 元素 | 峰位置 | 归属 | 百分比(清洗前)/% | 百分比(清洗后)/% |
|---|---|---|---|---|
| C | 284.4 | C—C/C—H | 83.1 | 72.6 |
| | 286.1 | C—O/C—N | 13.3 | 23.6 |
| | 288.0 | O＝CO— | 3.6 | 3.8 |
| N | 399.6 | —NH₂ | 68.4 | 59.3 |
| | 401.0 | —NH— | 31.6 | 40.7 |

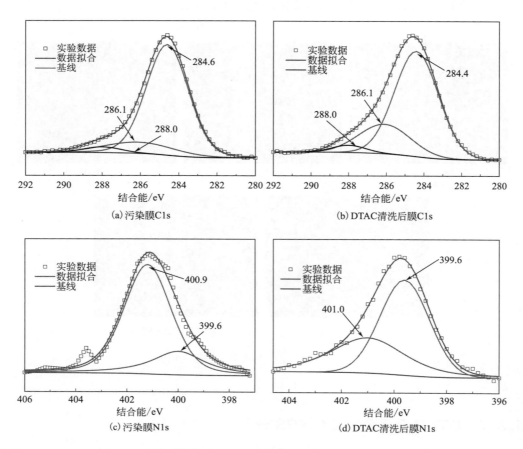

图 5.9　未清洗污染膜和 DTAC 清洗 24h 后膜面的 XPS 窄谱图

N1s 在结合能 399.6eV 处所对应的官能团为—NH$_2$，其百分比从清洗前的 68.4% 降至清洗后的 59.3%，在结合能 401.0eV 处所对应的官能团为—NH—，其百分比从清洗前的 31.6% 升至清洗后的 40.7%，—NH$_2$ 官能团为 APAM 的特征官能团，而—NH—为聚酰胺 NF 膜表面的固有官能团，其一降一升表明，DTAC 清洗后，膜面的 APAM 量减少，膜面暴露出来。

## 5.4 表面活性剂的渗透性和 MWCO 变化

表面活性剂表现出对膜表面污染物相同的去除水平［图 5.6(a)］。然而，清洗后通量的恢复水平不同［图 5.6(a) 和（b）］，这很可能是因为它们对附着在膜孔壁上的污染物的清洗效果不同。为了验证这一结论，表面活性剂的渗透性和清洗效果之间的关系以及污染膜清洗前、后的截留分子量变化分别如图 5.10 和图 5.11 所示。为了评价这些表面活性剂溶液（1.0% 质量分数）的渗透性，用 NF 膜过滤并测量渗透液中表面活性剂的浓度（$C_{ps}$）。如图 5.10 所示，表面活性剂溶液的渗透性（即 $C_{ps}$）和污染膜的通量恢复（$S_{f8}$）之间

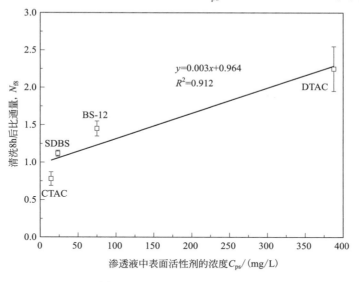

图 5.10 $C_{ps}$ 和 $S_{f8}$ 的相关性图

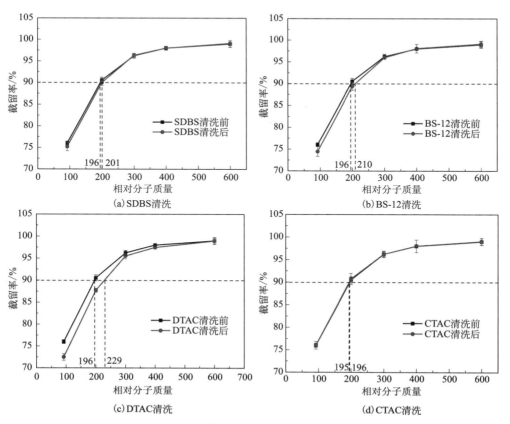

图 5.11 清洗前、后污染膜截留分子量的变化

有很强的相关性。更高的 $C_{ps}$ 导致更大的通量恢复，比通量按照 CTAC＜SDBS＜BS-12＜DTAC 的次序依次增加。相应地，用 SDBS、BS-12 和 DTAC 清洗后，NF 膜的截留分子量分别从 196 增加到 201、210 和 229，而用 CTAC 清洗后，该值没有显著变化。对于不同的表面活性剂溶液，其渗透性的增加顺序与截留分子量增大和污染膜通量恢复顺序相同。因此，表面活性剂渗透到膜孔中去除堵塞膜孔的污染物，从而增大膜孔尺寸，提高膜通量恢复。

## 5.5 表面活性剂单体分子的表征

表面活性剂的渗透性（即 $C_{ps}$）与其在水溶液中的 ζ 电位和尺寸分布密切相关（图 5.12，见彩插）。SDBS、BS-12、DTAC 和 CTAC 单体分子的 ζ 电位分别为 $(-65.2\pm4.7)$mV、$(2.0\pm1.0)$mV、$(30.0\pm3.8)$mV 和 $(65.8\pm2.3)$mV，其尺寸分布曲线的峰值分别约为 2.9nm、4.5nm、2.3nm 和 11.7nm。这表明 SDBS(65.2mV$\pm$4.7mV) 和带负电荷的膜表面之间大的静电排斥[222]在截留 SDBS 的过程中起着主导作用，尽管其尺寸小至 2.9nm，导致少量 SDBS 穿过膜，因此清洗效率低（图 5.5）。相比之下，BS-12 略微正的ζ 电位（2.0mV$\pm$1.0mV）和小尺寸（4.5nm）有助于其穿透膜孔，这有利于其与吸附在膜孔壁上的污染物相互作用，因此导致比 SDBS 获得的通量恢复更大（图 5.5）。出于同样的原因，DTAC 的高的正电荷（30.0mV$\pm$3.8mV）和小尺寸（2.3nm），促进 DTAC 在膜孔的渗透，DTAC 表现出优于 BS-12 的清洗效率。然而，尽管 CTAC 具有最高的正 ζ 电位（65.8mV$\pm$2.3mV），但其渗透性最低；CTAC 的低渗透率和大尺寸（11.7nm）赋予其最低的通量恢复率。此外，CTAC 的高正 ζ 电位可能导致大量 CTAC 附着到膜表面并降低膜表面的 ζ 电位 ［图 5.6(b)］，这将加剧过滤阻力，降低 CTAC 清洗后污染膜的 $S_r$［图 5.5(d)］。

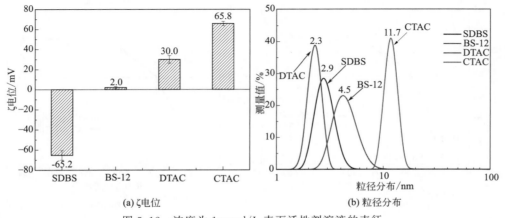

(a)ζ电位        (b)粒径分布

图 5.12　浓度为 1mmol/L 表面活性剂溶液的表征

## 5.6 DTAC 清洗机理模型

图 5.13 给出了 DTAC 的清洗机理（见彩插）。由于 NF 膜设施进水的高盐度，带负电荷的 APAM 分子与反离子结合，这削弱了 APAM 分子的分子内和分子间静电排斥[122,139]。因此，APAM 分子在污染层中呈现卷曲构象 [图 5.13(a)]。在清洗过程中，DTAC 单体的疏水尾吸附在 APAM 分子链的非极性部分，并有助于将卷曲构象转化为展开形状[64,110]。由于试验中使用的 DTAC 浓度高，更多的 DTAC 单体被引入污染层。然后在 APAM 分子链的疏水部分形成微孔，增强了 APAM 分子链之间的静电排斥[64]。同时，DTAC 胶束通过其和 APAM 的 COO⁻ 基团之间的静电引力与 APAM 链结合[216]。因此静电排斥的强度足以破坏污染层的完整性。因此，APAM 分子连同附着的物质，包括 Al、Fe、Ca、Ba、Si 和 CO，被释放到主体溶液中 [图 5.13(b)]。

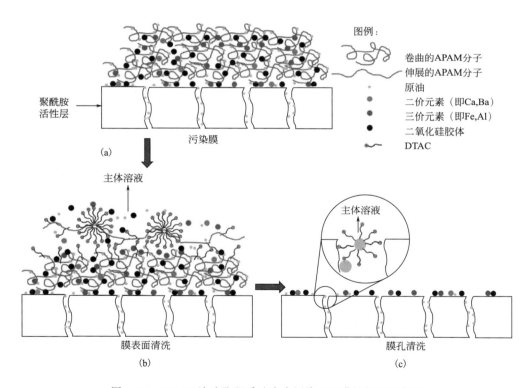

图 5.13 DTAC 清洗聚驱采油废水污染 NF 膜的机理示意图

NF 膜的扫描电镜图和红外光谱 [图 5.8 和图 5.6(a)] 表明，所有试验的表面活性剂清洗剂都有效地去除膜表面污染物。然而，如上所述，由于表面活性剂在清洗膜孔方面的效果不同，它们之间的通量恢复显著不同［图5.5（b）］。这种变化还意味着膜孔清洗在通量恢复中起着主导作用。由于DTAC单体适度正$\zeta$电位和小尺寸（图5.12），其扩散到膜孔中，并通过其疏水尾端附着到CO液滴上［图5.13（c）］。此外，DTAC单体通过DTAC$^+$N(CH$_3$)$_3$和APAMCOO$^-$基团之间的静电引力连接到APAM链上，生成APAM-(DTAC单体)配合物；然后，DTAC单体和APAM(DTAC单体)配合物之间疏水相互作用产生了APAM-(DTAC胶束)配合物。然后，DTAC溶解了黏附在孔壁上的APAM和油，促进了它们转移到主体溶液中，并防止污染物分子再沉淀。

## 5.7 清洗模式对清洗效果的影响

### 5.7.1 清洗模式设定

除简单的清洗液浸泡以外，对受污染的膜组件进行错流冲洗在实际工程中也被频繁应用[69,121]。由于DTAC较好的清洗效果，本部分以DTAC为例来研究清洗模式对清洗效果的影响。采用以下三种模式对受污染的NF膜进行清洗。

模式1：将现场获取的污染膜剪成18cm×10cm的小片，将膜片放入含有500mL DTAC清洗液的烧杯中浸泡，用水浴锅将清洗液的温度控制在40℃。清洗1.5h后测定膜片的性能。

模式2：采用图2.2的错流NF装置对DTAC清洗液进行错流过滤，试验条件为：错流流速为12cm/s，清洗时间为1.5h，清洗液温度为40℃。采用的进水压力（大约为0.01MPa）使清洗液能够通过过滤模块即可，因此，过滤过程中没有渗透液。

模式3：除将进水压力控制在0.6MPa以外，其他过滤条件与模式2一致。

### 5.7.2 清洗效果分析

图5.14（a）给出了三种清洗模式清洗1.5h后膜的通量（$J$）和比通量（$N_f$）的变化。可以看出，与模式1（$N_f$=1.43）相比较，模式2清洗后膜片的$N_f$相对较高，达到1.61。这是由于模式2中采用错流冲洗的方式，这有利于清洗剂破坏污染层，并加快脱落的污染物从膜面向主体溶液转移[69]。然而，模式3中采用压力驱动清洗后，导致膜的$N_f$值显著下降，降至1.19，这是由于压力迫使过多的清洗剂进入膜孔，造成膜孔堵塞。

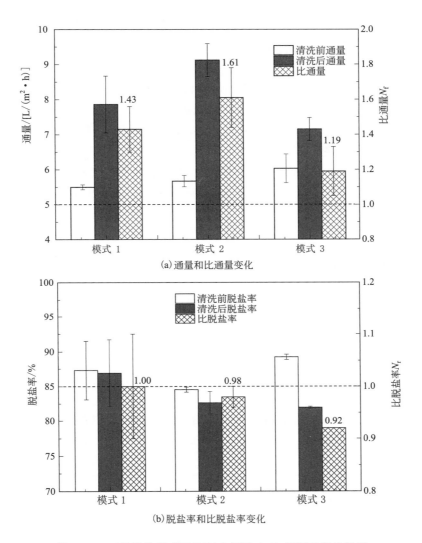

图 5.14 三种清洗模式下 DTAC 清洗 1.5h 后通量和比通量
以及脱盐率和比脱盐率的变化

图 5.14(b) 给出了三种清洗模式清洗 1.5h 后膜的脱盐率（$R$）和比脱盐率（$N_r$）的变化。可以看出，与模式 1 相比较，模式 2 清洗后膜片的 $N_r$ 值略微下降，降至 0.98，这是由于模式 2 对通量恢复较好，清洗后使膜孔径变大，使更多的盐分透过膜片。然而在模式 3 中采用压力驱动清洗，导致膜的 $N_r$ 值显著下降，降至 0.92，这是由于孔堵清洗剂被压力挤压出来，造成渗透液中含盐量升高。

综上，清洗过程中采用较高的错流流速和较低的压力能够有效改善清洗效果。

## 5.8 表面活性剂对新膜的影响

　　表面活性剂能将受聚驱采油废水污染 NF 膜表面的污染物去除，同时表面活性剂可能会附着在膜的表面，造成膜的"二次污染"。本部分以新的 NF90 膜为例，通过浸泡前后膜性能的变化，以及膜片的表征，来进一步研究表面活性剂对新的聚酰胺 NF 膜的污染情况。膜片浸泡试验条件为：在 40℃ 条件下，浓度为 1%，浸泡 8h 后，用大量的去离子水冲洗。膜性能测试条件为：进水 NaCl 浓度为 1000mg/L，进水压力为 1.0MPa，错流流速为 12cm/s，进水温度控制在 （25±1）℃。

### 5.8.1 表面活性剂对新膜性能的影响

　　图 5.15（a）给出了四种表面活性剂浸泡后对新膜性能的影响。可以看出，四种表面活性剂浸泡后，新膜的通量（$J$）和比通量（$N_f$）都出现了不同程度的下降，其中 SDBS、BS-12 和 DTAC 浸泡后，新膜的 $N_f$ 值分别达到 0.90、0.97 和 0.96，表明与 BS-12 和 DTAC 相比较，SDBS 更容易附着在 NF 膜面。而 CTAC 浸泡后，新膜的 $N_f$ 值出现显著的下降，降至 0.59，表明 CTAC 对新膜造成了严重的污染。

　　图 5.15（b）给出了新膜在表面活性剂中浸泡后膜的脱盐率（$R$）和比脱盐率（$N_r$）的变化。可以看出，SDBS、BS-12 和 DTAC 浸泡后，新膜的 $N_r$

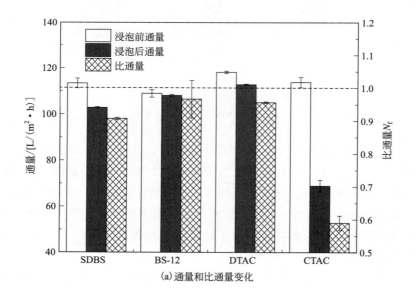

(a)通量和比通量变化

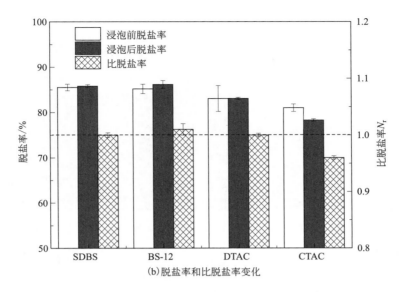

图 5.15　四种表面活性剂浸泡后对新膜性能的影响

值基本在 1.0 附近波动，表明这三种表面活性剂对新膜的孔径和膜面电荷密度影响较小。而 CTAC 浸泡后，新膜的 $N_r$ 值出现略微的下降，降至 0.96，而 CTAC 的粒径较大，不会造成 NF 膜的孔堵塞，因此，脱盐率的下降可归因于 CTAC 在膜面附着对膜面电荷产生屏蔽作用。

## 5.8.2　表面活性剂清洗前后的膜表征

### 5.8.2.1　扫描电镜表征

图 5.16 给出了膜片在四种表面活性剂浸泡，并用大量去离子水冲洗后，膜面的 SEM 图。可以看出，与新 NF90 膜的 SEM 图相比较，浸泡后的膜片都受到不同程度的"污染"，膜面所固有的"叶片状"结构有部分被覆盖。但是，SDBS、BS-12 和 DTAC 浸泡后，膜面被覆盖的程度远低于 CTAC 所造成的。CTAC 污染后，膜面固有的"叶片状"结构几乎被完全覆盖，表明 CTAC 分子牢固附着在 NF 膜表面，这是由于 CTAC 本身带有较高的正电荷，使其与膜表面的羧基官能团通过静电作用牢固结合在一起。

### 5.8.2.2　红外光谱分析

新膜和表面活性剂浸泡后膜片的红外光谱见图 5.17。可以看出，与新膜相比较，SDBS、BS-12 和 DTAC 浸泡后，膜片在波数 $2929cm^{-1}$ 和 $2862cm^{-1}$ 处的吸收峰有所增强，而此峰对应于表面活性剂 C—H 键的伸缩振动。CTAC 浸泡后，膜面在此处的吸收峰明显强于其他三种清洗剂。这表明 CTAC 造成的新膜污染最为严重。

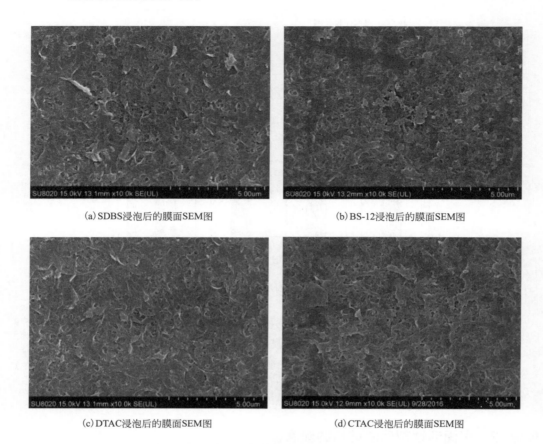

(a) SDBS浸泡后的膜面SEM图  (b) BS-12浸泡后的膜面SEM图

(c) DTAC浸泡后的膜面SEM图  (d) CTAC浸泡后的膜面SEM图

图 5.16　在表面活性剂中浸泡后膜片的 SEM 图

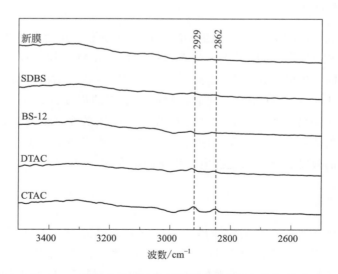

图 5.17　新膜和表面活性剂浸泡后膜片的红外光谱图

### 5.8.2.3 表面接触角

新膜和表面活性剂浸泡后膜片的表面接触角见图 5.18。可以看出，SDBS浸泡后，膜面接触角从 75.56°下降到 59.92°，变得更加亲水，这是由于 SDBS的疏水端与膜面的疏水部分通过疏水作用结合，而亲水端暴露在外，使膜表面的亲水性增加。而 BS-12 和 DTAC 清洗后，膜面接触角分别为 73.75° 和70.63°，与新膜相比较，膜面接触角变化不大，表明 BS-12 和 DTAC 浸泡后，其易从膜面脱离，以维持膜面的原有形态。CTAC 清洗后，膜面接触角降至60.12°，膜面变得更加亲水，这是由于 CTAC 在膜面牢固附着所造成的，这在 5.6.2.1 和 5.6.2.2 已经验证。总体而言，新膜浸泡后膜面接触角的变化与现场污染膜清洗后接触角的变化趋势是一致的。

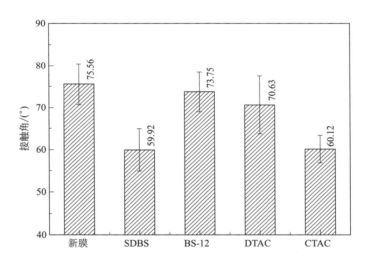

图 5.18 新膜和表面活性剂浸泡后膜片的表面接触角

### 5.8.2.4 膜片的 ζ 电位

新膜和表面活性剂浸泡后膜片的 ζ 电位见图 5.19。可以看出，SDBS 浸泡后，新膜的 ζ 电位有所升高，升至 −25.0mV；BS-12 浸泡后，新膜的 ζ 电位基本保持不变；而 DTAC 和 CTAC 浸泡后，新膜的 ζ 电位分别降至−19.4mV和−14.8mV。这是由于 SDBS 的疏水端与膜面的疏水部分通过疏水作用结合，附着的 SDBS 带有较高的负电荷，使膜面的 ζ 电位升高；BS-12为两性表面活性剂，自身所带电荷较少，其附着后使膜面的 ζ 电位变化较小；而 DTAC 和 CTAC 带有正电荷，附着后对膜面自身的负电荷产生较强的屏蔽作用，使膜面的 ζ 电位下降。与 CTAC 相比较，DTAC 浸泡后对膜面 ζ 电位的影响较小。

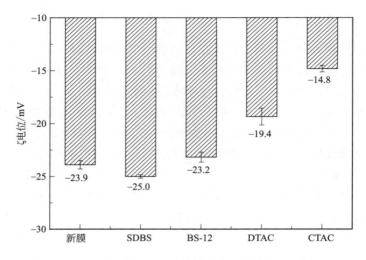

图 5.19　新膜和表面活性剂浸泡后膜片的 ζ 电位

综上，本部分详细研究了四种表面活性剂浸泡后膜性能、表面形态和性质的变化。膜性能评价的结果表明，SDBS、DTAC 和 BS-12 对新的聚酰胺NF 膜性能影响较小，而 CTAC 使膜性能下降较明显；SEM 表征、FTIR 及接触角分析结果表明，四种表面活性剂会造成不同程度的膜污染，但 CTAC所造成的膜污染更为显著；膜片的 ζ 电位测定结果表明，SDBS 会使膜面负电荷升高，BS-12 对膜面 ζ 电位影响不大，而 DTAC 和 CTAC 会使膜面 ζ 电位降低。

## 5.9 意义

阳离子表面活性剂通常会导致聚酰胺膜的不可逆污染，这可能是由于膜的改性以及清洗过程中过量表面活性剂吸附在膜表面上所致。因此，制造商通常建议不要将其用于 NF 膜清洗。出乎意料的是，在本研究中，用 DTAC溶液清洗后污染的 NF 膜的通量恢复最高。用于清洗试验的污染 NF 膜已在脱盐厂使用 3 年，NF 膜的产水率已大幅下降至 25％。与其清除堵塞孔隙污染物而显现的卓越清洗效果相比较，DTAC 造成的不可逆污染并不显著。然而，对于未被采油废水严重污染的 NF 膜，应谨慎考虑阳离子表面活性剂的使用。

目前还缺乏专门用于清洗采油废水污染 NF 膜的方案。选择不合适的清洗剂，如 CTAC，会产生相反的效果，大大降低清洗效率。相比之下，使用合适的清洗剂（DTAC）有利于延长膜更换周期，并可将项目运营成本降至最低。

## 5.10 本章小结

本章通过对现场受污染 NF 膜进行短时间和长时间的化学清洗，对清洗前后膜的性能（通量和脱盐率）进行比较，以及对清洗前后的膜进行表征，得到以下结论。

① 柠檬酸或 EDTA-4Na 清洗对现场 NF 膜通量恢复效果不佳。

② 表面活性剂中，DTAC 的清洗效果较好，BS-12 次之，而 SDBS 的清洗效果不佳，CTAC 会导致膜性能（通量和脱盐率）的进一步下降。

③ 四种表面活性剂对去除膜面污染物都是有效的，但是清洗后膜通量恢复结果差异较大。膜孔清洗是现场 NF 膜清洗的关键，决定最终的通量恢复效果。

④ 清洗过程中，采用较高的错流流速和较低的压力能够有效提高清洗效果。

⑤ SDBS、DTAC 和 BS-12 对新的聚酰胺 NF 膜性能（通量和脱盐率）影响较小，而 CTAC 会造成新膜的严重污染，膜性能下降较明显。

# 第 6 章

# 抗污染纳滤膜的制备表征及处理聚驱采油废水的性能

聚酰胺 NF 膜的表面易受到聚驱采油废水的污染，而膜改性是改善其抗污染性的一种有效方法。在各种膜改性的亲水性聚合物中，聚乙二醇（PEG）及其衍生物被广泛研究[91,224,225]。PEG 是一种不带电的水溶性聚合物，它拥有强亲水性、柔韧的长链、大的排斥体积以及与水分子独特的协调性[224]。常用的脱盐膜表面 PEG 化的方法包括：表面涂覆[84]、氧化还原引发自由基接枝[226]、化学耦合[91,227,228]和等离子接枝聚合[229]。由于高的亲水性，低表面电荷以及 PEG 赋予的位阻效应，改性膜表现出增强的抗污染性[91,227,228]。但是物理吸附层会增加水力阻力降低膜通量，而且在长期运行过程中会逐渐流失[84]，PEG 的流失会降低 NF 膜的截留性能和抗污染性。化学接枝需要等离子体或其他的引发剂来激发聚合反应，这样会造成膜的通量和截留性能发生较大的改变[229]。本章主要研究将 PEG 衍生物（聚醚胺，Jeffamine 2003）作为添加剂加入哌嗪（PIP）水溶液中以提高所制备 NF 膜处理聚驱采油废水的抗污染性能。

## 6.1 制备原理

本章采用界面聚合的方法来制备聚酰胺 NF 膜。在界面聚合反应之前，将一种 PEG 衍生物（聚醚胺）加入水相 PIP 之中，聚醚胺分子的氨基会与 TMC 的酰氯基发生共价反应，从而使其牢固嵌入聚酰胺基质中。聚酰胺 NF 膜的制备原理见图 6.1。在制备的

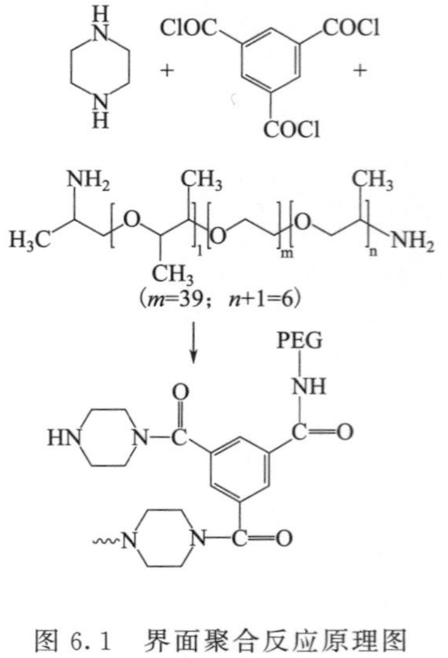

图 6.1　界面聚合反应原理图

过程中，PIP 和 TMC 的质量分数分别控制在 1％和 0.15％。在界面聚合的过程中，根据聚醚胺添加量的不同，膜片的 ID 如下：NF1（0）、NF2（3％）、NF3（5％）、NF4（10％）和 NF5（15％），括号内的百分比代表聚醚胺占 PIP 的质量分数。

## 6.2 通量和脱盐性能

采用纯水通量和脱盐率来评价所制备的含有不同质量分数聚醚胺的 NF 膜的性能，结果如图 6.2 所示。相对于 NaCl 而言，所制备的 NF 膜对 $MgSO_4$ 有较高的截留率，这是由于多价阴离子与 NF 膜之间的静电斥力更强所致[230-232]。相对于未改性的膜，加入聚醚胺后的膜具有更高的纯水通量，这个结果与其他的 PEG 改性膜所得到的结果相反。之前的研究结果表明，当 PEG 表面接枝改性后，膜通量下降 31％～80％[91,227,228]，这主要是由于添加的 PEG 层增大膜自身的阻力所致[91,227,228]。在 0～15％的添加范围内，膜的纯水通量从 25.5L/（m²·h）增加到 35.5L/（m²·h），同时膜的脱盐率略微降低。然而，当添加量超过 15％时，膜的纯水通量急剧增加从而导致脱盐率显著下降。这主要是由于以下几方面的原因造成的：聚醚胺的相对分子质量远大于 PIP，这将导致水相溶液的黏度升高，减缓水相单体向水相-有机相界面的扩散速率，从而降低活性层的交联度；相对于 PIP，聚醚胺较长的分子链赋予它更强的分子链运动，这使聚酰胺层的自由体积变大；聚醚胺的添加，使膜面亲水性增强（图 6.3）。

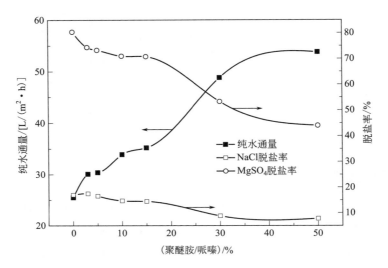

图 6.2 聚醚胺与哌嗪质量比对复合 NF 膜纯水通量和脱盐率的影响

## 6.3 膜表征

### 6.3.1 表面接触角

图 6.3 给出了聚醚砜（PES）支撑层和不同聚醚胺添加量的 NF 膜的膜面接触角。由于哌嗪的氨基与均苯三甲酰氯的酰氯基团发生酰胺化反应生成聚酰胺层[233]，未反应的酰氯基团水解生成羧酸官能团[234,235]，因此相对于 PES 支撑层，NF1 的接触角降低至 52°。与 NF1 相比较，NF2 的接触角降至 31.2°，具有更强的亲水性，这主要归因于聚醚胺单体的氢键受体官能团（即氧原子）有利于水在膜表面附着。另外，随着聚醚胺的添加量从 3% 增加到 15%，接触角逐渐从 31.2° 增加到 39.5°。考虑到接触角的值与膜表面的官能团类型（包括甲基、氨基、羟基、羧基和终端苯环）密切相关[236]，此处，接触角的升高可能归因于膜面的甲基和亚甲基数量的增加。

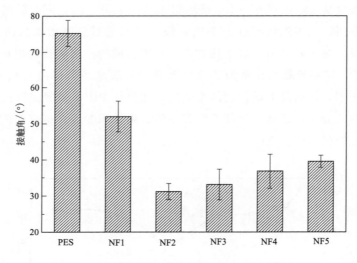

图 6.3　聚醚砜支撑层和 NF 膜的表面接触角

### 6.3.2 红外光谱

图 6.4 给出了 NF1、NF3 和 NF5 的红外光谱图。NF1 的聚哌嗪酰胺特征峰在波数 $1627cm^{-1}$ 处，当聚醚胺加入水相后，NF3 和 NF5 的聚哌嗪酰胺特征峰分别移向了波数 $1635cm^{-1}$ 和 $1650cm^{-1}$。众所周知，酰胺 I（C＝O 伸缩振动）的特征峰在波数 $1660cm^{-1}$ 左右[237]，因此，这种现象的出现意味着聚醚胺和均苯三甲酰氯之间形成了酰胺键，而聚哌嗪酰胺特征峰移动的强度与水

相中聚醚胺的添加量密切相关。

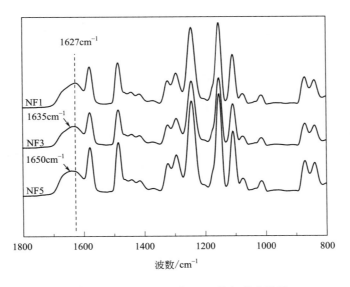

图 6.4　NF1、NF3 和 NF5 的红外光谱图

## 6.3.3　X 射线光电子能谱

采用 X 射线光电子能谱（XPS）来进一步确定所制备膜的近表面聚酰胺层元素组成。从图 6.5(a) 可以看出，NF1、NF3 和 NF5 均呈现出较强的 C、N 和 O 元素的 XPS 峰。从表 6.1 可以看出，与 NF1 相比较，NF3 和 NF5 均含有较高的 O 元素含量和较低的 C 元素含量，这与聚醚胺含有较高的 O 元素含量（30.8%）和较低的 C 元素含量（67.8%）相一致。XPS 测试结果中 C/O 比的结果显示，相对于 NF1，NF3 和 NF5 中 C/O 比分别下降了 5% 和 10%。图 6.5(b) 和（c）分别给出了 NF1 和 NF5 中 C1s 的 XPS 窄谱。在结合能 286.3eV 处的峰归属于 C—O 和 C—N 键[57]。加入聚醚胺后，C—O 和 C—N 键的峰面积百分比从 NF1 的 27.7% 升高到 NF5 的 32.3%，这是由于聚醚胺分子中含有丰富的 C—O 键所致。NF5 中氧元素含量和 C—O 键百分比的升高进一步确定了聚醚胺已经成功引入其活性层。

表 6.1　聚醚胺与哌嗪的质量比对 XPS 结果的影响

| 膜片 ID | 元素百分比/% | | | 元素比 | | |
| --- | --- | --- | --- | --- | --- | --- |
| | C | N | O | O/N | C/N | C/O |
| NF1 | 72.35 | 10.38 | 17.27 | 1.66 | 6.97 | 4.19 |
| NF3 | 71.55 | 10.49 | 17.96 | 1.71 | 6.82 | 3.98 |
| NF5 | 70.48 | 10.39 | 19.13 | 1.84 | 6.78 | 3.68 |
| 聚醚胺（ED2003） | 67.81 | 1.38 | 30.81 | 22.32 | 49.14 | 2.20 |

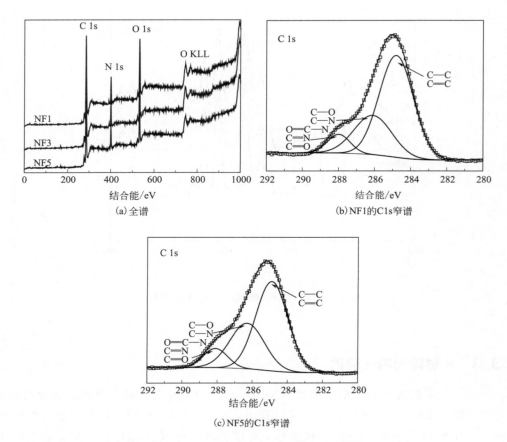

图 6.5　NF1、NF3 和 NF5 的 XPS 谱图

## 6.3.4　扫描电镜和原子力显微镜形貌

　　图 6.6 给出了 NF1 和 NF5 的扫描电镜（SEM）图片和三维原子力显微镜（AFM）形貌图。可以看出，相对于 NF5，NF1 拥有粗糙和多"结点"的表面形态结构，这在图 6.6(e) 中也可以看出。图 6.6(c) 和图 6.6(d) 分别给出了 NF1 和 NF5 的纵断面图，从两图中可以看出，NF1 和 NF5 的纵断面形貌并没有明显的差别。然而，当聚醚胺引入后，NF5 表面变得平滑，表面分散的"结点"高度变低 [图 6.5(f)]。膜面粗糙度值列于表 6.2，很明显，NF5具有较低 $R_a$、$R_q$、$R_{max}$ 和 SAD 值，表明 NF5 的表面更加光滑。膜表面的"结点"结构主要是由单体的交联反应所导致[238]。首先，聚醚胺的加入使水相溶液的黏度增大，水样单体在水相-有机相界面的扩散速率降低；其次，在界面聚合的过程中，聚醚胺与 PIP 竞争性地与 TMC 反应，使 PIP 和 TMC 之间的反应速率降低；再者，PIP 和聚醚胺之间强的氢键作用，会降低交联反应

的速率[238,239]。综上原因，NF5 表面变得更加光滑。

表 6.2　NF1 和 NF5 的膜面粗糙度值

| 膜片 ID | $R_a$/nm | $R_q$/nm | $R_{max}$/nm | SAD/% |
|---|---|---|---|---|
| NF1 | 40.8 | 49.6 | 241 | 12.7 |
| NF5 | 8.34 | 6.23 | 77.3 | 3.98 |

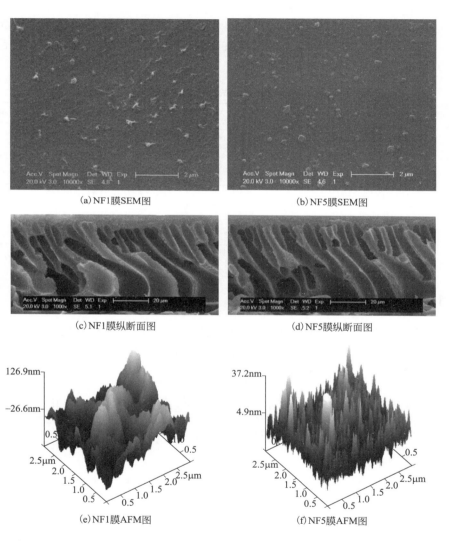

(a) NF1膜SEM图　　　　　　　　(b) NF5膜SEM图

(c) NF1膜纵断面图　　　　　　　(d) NF5膜纵断面图

(e) NF1膜AFM图　　　　　　　　(f) NF5膜AFM图

图 6.6　NF1 和 NF5 的 SEM 和 AFM 图

　　对于 PEG 改性对膜面形貌的影响，以前的研究所得到的结果不同。Kang 等发现改性后膜面粗糙度升高[91,240]，而其他一些文献表明，改性后膜面粗糙度下降[84,227,241]。Lu 等[227]将粗糙度下降归因于 PEG 分子进入聚酰胺的"沟谷"区域。另外，如表 6.2 所示，当 $R_q$ 的值从 49.6nm 降低到 6.2nm 时，膜的纯水通量持续增加，这个结果与一般的趋势（即高的 $R_q$ 值会导致高的通量）是相反的。这是由于聚醚胺的加入使膜面更加亲水（图 6.3），这增强了水与聚合物膜之间的附着力，有利于水分子透过膜。

## 6.4 处理聚驱采油废水的性能

现场水样取自大庆油田聚南 2-2 联合站降矿化度处理站的电渗析浓水。为了防止微生物的生长，现场水样在运输过程中避免光照的影响，收到后便立即冷冻保存。其水质参数见表 6.3。

表 6.3 试验中电渗析浓水水质

| 水质参数 | 值 | 水质参数 | 值 |
|---|---|---|---|
| pH 值 | 8.86 | K/(mg/L) | 16.7 |
| 电导率/(mS/cm) | 12.16 | Ca/(mg/L) | 16.4 |
| TDS/(mg/L) | 6090 | Mg/(mg/L) | 22.9 |
| DOC/(mg/L) | 66.5 | Ba/(mg/L) | 20.5 |
| APAM/(mg/L) | 109.4 | Sr/(mg/L) | 6.9 |
| Na/(mg/L) | 1760.3 | | |

### 6.4.1 膜污染通量曲线

用含有阴离子聚丙烯酰胺的电渗析浓水对 NF1、NF3 和 NF5 进行污染试验。图 6.7 给出了累计渗透液体积与膜的通量变化之间关系。在第一个过滤周

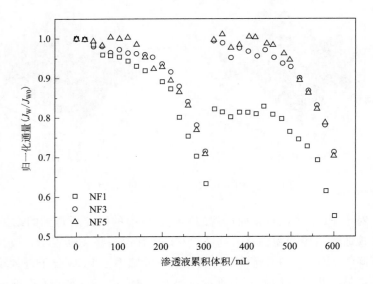

图 6.7 NF1、NF3 和 NF5 污染通量曲线

期结束时，NF1 的通量下降 36.8％，而 NF3 和 NF5 的通量分别下降 28.4％
和 29.5％。在第二个过滤周期结束时，NF1 的通量下降约 45％，远高出 NF3
和 NF5 的 30％左右。图 6.7 中通量的下降归因于两个方面，即有效跨膜压的
减小和膜污染。在死端过滤的过程下，水透过膜而盐分在过滤单元中浓缩，增
加的渗透压将减少过滤驱动力。图 6.8 所示（见彩插），与 NF1 相比较，NF3
和 NF5 具有较高的脱盐率，这会造成较高的渗透压和更严重的通量下降。出
乎意料的是，相对于 NF1，NF3 和 NF5 表现出较低的通量下降。相对低的脱
盐率和严重的通量下降表明 NF1 的抗污染性较差。

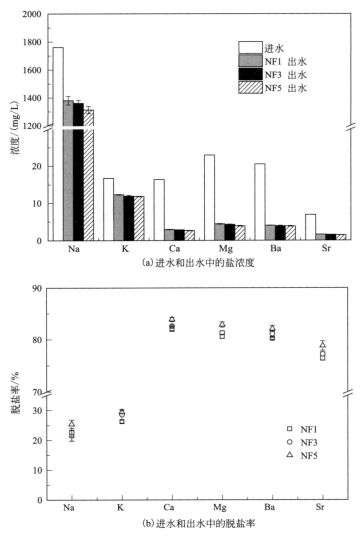

图 6.8  NF1、NF3 和 NF5 的脱盐性能

三个原因能够解释以上的现象：首先，聚醚胺分子链的两端有两个氨基，

一部分聚醚胺分子可能只有一个氨基与均苯三甲酰氯发生反应，分子链会暴露在周围的水环境中，从而施加一个位阻效应来阻止聚丙烯酰胺分子的附着；再者，亲水性的聚醚胺增强了膜面亲水性，在膜面形成的水化层有利于改善膜面的抗污染性；最后，在弱碱性的环境中，阴离子聚丙烯酰胺带负电[242]，在高的离子强度环境中带负电的羧基易捆绑反离子[139,179]，减小分子内的静电斥力，造成聚丙烯酰胺分子的回转半径减小，而 NF1 有较高的粗糙度，使得小回转半径的聚丙烯酰胺分子更易在高粗糙度表面沉淀和累积，从而加速膜污染。膜污染的机理还需要进一步的深入研究。

为了进一步研究膜面污染的可逆性，在第一个过滤周期结束后，对膜面进行水力清洗，清洗条件为：300r/min，去离子水无压冲洗 15min。如图 6.7 所示，冲洗后，NF3 和 NF5 的通量几乎完全恢复，而 NF1 的通量只恢复到原通量的 81.9%，表明聚醚胺的引入使 APAM 凝胶层在膜面变得疏松易于清洗。

## 6.4.2 脱盐性能

为了进一步评价所制备 NF 膜的脱盐性能，对 NF 膜进水和出水中的阳离子浓度进行测定，如图 6.8(a) 所示。图 6.8(b) 给出了换算后的膜片脱盐率，可以看出，所制备的 NF 膜对一价阳离子的脱盐率较低，大约在 21.6%～29.5%，而对二价阳离子的脱盐率较高，大约在 76.4%～83.9% 之间。这些结果与"疏松型"的聚酰胺 NF 膜的一般特征一致[83,243]。

一般情况下，NF 膜表面带有负电，其易被反离子屏蔽，这将降低膜表面的电荷密度，减弱膜面的静电斥力作用。试验中所用到的电渗析浓水中的盐浓度高于 6.2 部分中配水的盐浓度，这本应导致在处理电渗析浓水时的脱盐率较低。然而，相对于 6.2 部分中的脱盐率（一价阳离子为 14.5%～17%，二价阳离子为 70.8%～80.4%），所制备的 NF 膜对电渗析浓水的脱盐率更高（一价阳离子为 21.6%～29.5%，二价阳离子为 76.4%～83.9%）。这个结果可能是由于在过滤的过程中，APAM 大分子绑定反离子造成的[139,179]。

## 6.4.3 有机物去除性能

NF 膜对溶解性有机碳（DOC）的去除性能如图 6.9 所示，可以看出所制备的 NF 膜对 DOC 的去除率都较高，达到了 98% 以上。其他的研究者已经证实了脱盐膜，包括反渗透和正渗透膜，对 DOC 有较高的去除能力[127,244]。NF3 和 NF5 对 DOC 的去除能力略高于 NF1，这是由于改性膜的表面更加光滑和亲水，这将减少过滤过程中有机物在膜表面累积。

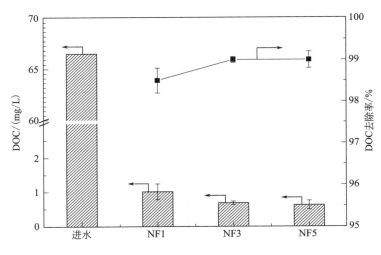

图 6.9 NF1、NF3 和 NF5 的有机物去除性能

## 6.5 纳滤膜的表面均匀性和长期稳定性

图 6.10 给出了 NF5 表面随机选择的 6 个点位的红外光谱图，可以看出 6 个点在波数 1650cm$^{-1}$ 处的特征峰并没有明显的差异。在 6.3.2 部分已经证实，不同的聚醚胺添加量所制备的 NF 膜有不同的聚哌嗪酰胺特征峰。这意味着聚醚胺已经均匀分布在膜面的聚酰胺基质中。另外，用于红外光谱测试的 NF5 膜片已经在纯水中浸泡半年之久，在波数 1650cm$^{-1}$ 附近出现的聚哌嗪酰胺的特征峰，表明聚醚胺依然稳固地嵌在聚酰胺基质中。至此，聚醚胺在膜面的长期稳定性也得到了证实。

综上，本章详细研究了界面聚合过程中水相添加聚醚胺对 NF 膜性能的影响。膜性能评价的结果表明，聚醚胺最佳添加量为 15%，膜通量上升明显，而脱盐性能影响不大；接触角测定结果表明，添加聚醚胺后，膜面亲水性增强；FTIR 和 XPS 分析结果表明，聚醚胺通过共价连接的方式嵌入聚酰胺基质中；SEM 和 AFM 的测定结果表明，添加聚醚胺后，膜面变得光滑，粗糙度下降。然后，对所制备的 NF 膜进行处理实际聚驱采油废水的性能评价。归一化通量的测定结果表明，添加聚醚胺后，膜的抗污染性能提高；脱盐率和有机物去除率的测定结果表明，添加聚醚胺后，膜的脱盐性能变化不大，有机物去除能力依然较高。最后，采用 FTIR 验证了聚醚胺在膜面的均匀性分布和长期稳定存在。

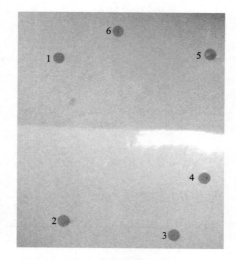

(a)NF5表面随机点位

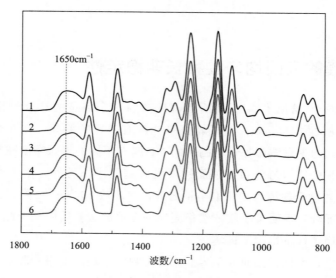

(b)NF5表面随机点位对应的红外光谱

图 6.10    NF5 表面随机选择点位及其对应的红外光谱图

## 6.6 本章小结

本章通过共价嵌入的方式将聚醚胺固定在 NF 膜膜面，以提高其抗污染性能，得到以下结论：

① 随着聚醚胺添加量的增加，膜的通量提高，而膜的脱盐率略微下降，

但当添加量大于 15％时，膜性能急剧下降；

　　② 聚醚胺添加后，膜面亲水性提高，粗糙度降低；

　　③ 通过 FTIR 和 XPS 表征，证实了聚醚胺已成功嵌入到聚酰胺基质中；

　　④ 在处理电渗析浓水时，聚醚胺添加量为 15％的膜片可以达到较高的通量、脱盐率和有机物截留率，且膜的抗污染性能也有所提高；

　　⑤ 聚醚胺在膜面的均匀性和长期稳定性得到证实。

# 第 **7** 章

## 结论与展望

## 7.1 结论

本书围绕 NF 膜处理聚驱采油废水的膜污染问题开展了一系列的研究工作。首先，识别聚驱采油废水污染的 NF 膜污染物的性质和类型。同时，依据现场污染膜的主要污染物，通过膜的污染行为分析、界面热力学分析和分子间相互作用分析阐释 NF 膜的污染机理；主要研究了阴离子聚丙烯酰胺（APAM）的相对分子质量、胶体 $SiO_2$ 对 APAM 所造成的膜污染的影响以及 APAM 与 CO 共存条件下的膜污染特性。其次，根据膜污染物的类型选择合适的化学清洗剂进行清洗效果的比较，并探讨了清洗机理。最后，采用亲水聚醚胺对 NF 膜进行亲水改性，以提高 NF 膜处理聚驱采油废水的抗污染性能。

本研究得到以下结论。

① 现场 NF 设施在长期运行过程中，膜通量逐渐下降。采用先商用清洗剂 PL-007 清洗后酸洗更有利于膜通量的恢复。有机污染物主要由 APAM 和 CO 组成，其共占污染物干重的 86.3%，高分子量的 APAM 更容易在膜面累积。无机污染物主要由 Mg、Ca、Ba、Al、Fe 和 $SiO_2$ 组成。

② 与 50APAM 相比，500APAM 更易黏附在膜面，所造成的不可逆污染阻力和比阻也更大；$CaCl_2$ 的加入能够进一步加剧膜污染。界面热力学计算结果表明：500APAM-膜的黏附能大于 50APAM-膜的，同时，500APAM 的内聚能也大于 50APAM，500APAM-膜以及 500APAM 之间的相互作用更强。力曲线的测定结果表明：在 Na 溶液条件下，500APAM 分子之间的纠缠强于 50APAM，500APAM 之间的脱附线所表现出的相互作用距离和最大值都大于 50APAM。在 Na+Ca 溶液条件下，由于规则多孔的配位结构（Ca-APAM 络合）和随机少孔的穿插聚合物网络结构（Na 离子导致的 APAM 分子链纠缠）共存使得 NF 膜污染显著增强。

③ 加入胶体 $SiO_2$ 后，500APAM 所造成的膜污染增强，膜面污染物的总

累积量升高，且不可逆污染阻力和比阻也变大。加入 $CaCl_2$ 后，膜污染进一步加剧。界面热力学计算结果表明，加入胶体 $SiO_2$ 对 500APAM-膜之间的黏附能以及 500APAM 的内聚能的影响不大。力曲线的测定结果表明：由于 $SiO_2$ 的纳米效应，加入胶体 $SiO_2$ 后 500APAM 之间的黏附能增大，导致膜污染加重。

④ CO 通过疏水作用附着在膜面，膜面疏水性增强。同时，CO 会堵塞膜孔，膜的截留分子量降低，膜孔减小，从而导致膜通量下降。当 CO 与 APAM 共存时，附着在膜面的 APAM 使膜面亲水性增强，减轻 CO 所造成的膜污染。加入 $CaCl_2$ 后，APAM 与膜面的相互作用增强，CO 所造成的膜污染明显降低。

⑤ 柠檬酸或 EDTA-4Na 清洗对现场受污染的 NF 膜通量恢复效果不佳。在表面活性剂中，DTAC 的清洗效果最好，BS-12 次之，而 SDBS 的清洗效果不佳，CTAC 清洗会导致膜性能进一步下降。四种表面活性剂对去除膜面污染物都是有效的，但清洗后膜通量恢复率相差较大。膜孔清洗是现场 NF 膜清洗的关键，决定最终的通量恢复效果。另外，采用较高的错流流速和较低的进水压力有助于提高膜清洗的效果。SDBS、DTAC 和 BS-12 清洗对新膜的性能影响较小，而 CTAC 会造成新膜的严重污染，膜性能下降较明显。

⑥ 在界面聚合过程中，水相溶液中添加聚醚胺后，膜的通量提高，而膜的脱盐率略微下降；但聚醚胺添加量大于 15% 时，膜性能急剧下降。添加聚醚胺后，膜面亲水性提高，粗糙度降低。FTIR 和 XPS 表征结果证实聚醚胺已共价嵌入聚酰胺基质中。在处理电渗析浓水时，聚醚胺添加量为 15% 的膜片的通量、脱盐率及有机物截留率较高，且膜片的抗污染性能也有所提高。

## 7.2 创新点

① 由于现场 NF 进水和膜面污染物相对分子质量存在差异，研究不同相对分子质量的 APAM 对 NF 膜的污染机理，结果发现，在 Na 溶液中，由于高分子质量 APAM 之间较强的分子间缠绕，使其造成的膜污染更加严重；在 Na+Ca 溶液中，由于高分子量 APAM 含有较多可参与配位作用的羧基点位，使其之间的作用增强，所造成的通量损失更加严重。

② CO 会造成 NF 膜的孔堵塞，而 APAM 的存在会增强膜面的亲水性，从而增大 CO 与膜面的亲水斥力，缓解 CO 的膜面和膜孔堵塞。

③ 结合现场 NF 膜污染物的主要成分，开发出适合聚驱采油废水污染 NF 膜的清洗方法，并给出清洗剂的作用机理：DTAC 表面活性剂胶束增强 APAM 分子之间的静电斥力，从而有利于表面污染物的清洗；而 DTAC 较小的粒径和所带的正电荷有利于其渗透进入膜孔，强化膜孔污染物洗脱的效果。表面活性剂的膜孔清洗决定最终的膜清洗效果。

④ 采用亲水聚醚胺（ED2003）改善 NF 膜的表面亲水性，改性后膜的抗污染性能提高，同时，NF 膜的截留性能变化不大。

## 7.3 展望

本书探究了聚酰胺 NF 膜在处理聚驱采油废水时，污染物对膜的污染机理，污染 NF 膜的清洗方法，以及通过膜改性来提高 NF 膜的抗污染性。本研究还可以从以下几个方面进行深化和扩展。

① 在膜污染的机理方面，CO 会造成 NF 膜的孔堵塞，而 APAM 的存在会增强膜面的亲水性，从而增大 CO 与膜面的亲水斥力，缓解 CO 的膜面污染和膜孔堵塞。而微观角度的机理分析还尚需数据支撑，因此，进一步从微观角度来阐明 CO 和 APAM 共存时，APAM 对 CO 所造成的膜污染的缓解机理是必要的。

② 在污染膜的清洗方面，还可进一步探究清洗剂的浓度和清洗剂的组合配方或顺序清洗（清洗剂之间的协同作用），对 NF 膜通量恢复的影响。

③ 在膜改性方面，首先，采用聚醚胺对聚酰胺 NF 膜进行改性，膜污染得到缓解，其深层的污染缓解机理需要进一步探讨；其次，制膜过程中采用的工艺参数可进一步优化（单体浓度和反应时间），以探究出 NF 膜制备的最佳条件；最后，可采用聚醚胺对"致密型" NF 膜进行改性，以制备出脱盐率较高的 NF 膜，满足脱盐率要求较高场合的需求。

# 参 考 文 献

［1］ LI M，ROMERO-ZERON L，MARICA F，et al. Polymer Flooding Enhanced Oil Recovery Evaluated with Magnetic Resonance Imaging and Relaxation Time Measurements ［J］. Energy & Fuels，2017，31（5）：4904-4914.

［2］ RIAHINEZHAD M，ROMERO-ZERON L，MCMANUS N，et al. Evaluating the Performance of Tailor-made Water-Soluble Copolymers for Enhanced Oil Recovery Polymer Flooding Applications ［J］. Fuel，2017，203：269-278.

［3］ SONG Y，GAO X，GAO C. Evaluation of Scaling Potential in a Pilot-Scale NF-SWRO Integrated Seawater Desalination System ［J］. J Membr Sci，2013，443：201-209.

［4］ HASSON D，DRAK A，SEMIAT R. Inception of $CaSO_4$ Scaling on RO Membranes at Various Water Recovery Levels ［J］. Desalination，2001，139（1-3）：73-81.

［5］ LEE S，KIM J，LEE C H. Analysis of $CaSO_4$ Scale Formation Mechanism in Various Nanofiltration Modules ［J］. J Membr Sci，1999，163（1）：63-74.

［6］ PERVOV A G. Scale Formation Prognosis and Cleaning Procedure Schedules in Reverse-Osmosis Systems Operation ［J］. Desalination，1991，83（1-3）：77-118.

［7］ DYDO P，TUREK M，CIBA J，et al. The Nucleation Kinetic Aspects of Gypsum Nanofiltration Membrane Scaling ［J］. Desalination，2004，164（1）：41-52.

［8］ ALBORZFAR M，JONSSON G，GRON C. Removal of Natural Organic Matter from Two Types of Humic Ground Waters by Nanofiltration ［J］. Water Res，1998，32（10）：2983-2994.

［9］ TANG C Y，LECKIE J O. Membrane Independent Limiting Flux for RO and NF Membranes Fouled by Humic Acid ［J］. Environ Sci Technol，2007，41（13）：4767-4773.

［10］ LISTIARINI K，SUN D D，LECKIE J O. Organic Fouling of Nanofiltration Membranes：Evaluating the Effects of Humic acid，Calcium，Alum Coagulant and Their Combinations on the Specific Cake Resistance ［J］. J Membr Sci，2009，332（1-2）：56-62.

［11］ WANG Y N，TANG C Y. Fouling of Nanofiltration，Reverse Osmosis，and Ultrafiltration Membranes by Protein Mixtures：The Role of Inter-Foulant-Species Interaction ［J］. Environmental Science & Technology，2011，45（15）：6373-6379.

［12］ LI Q L，ELIMELECH M. Synergistic Effects in Combined Fouling of a Loose Nanofiltration Membrane by Colloidal Materials and Natural Organic Matter ［J］. J Membr Sci，2006，278（1-2）：72-82.

［13］ JIN X，HUANG X F，HOEK E M V. Role of Specific Ion Interactions in Seawater RO Membrane Fouling by Alginic Acid ［J］. Environ Sci Technol，2009，43（10）：3580-3587.

［14］ WANG Y N，TANG C Y Y. Protein Fouling of Nanofiltration，Reverse Osmosis，and Ultrafiltration Membranes-The role of Hydrodynamic Conditions，Solution Chemistry，and Membrane Properties ［J］. J Membr Sci，2011，376（1-2）：275-282.

［15］ LEE S，ELIMELECH M. Relating Organic Fouling of Reverse Osmosis Membranes to Intermolecular Adhesion Forces ［J］. Environmental Science & Technology，2006，40（3）：980-987.

［16］ YAMAMURA H，KIMURA K，OKAJIMA T，et al. Affinity of Functional Groups for Membrane Surfaces：Implications for Physically Irreversible Fouling ［J］. Environ Sci Technol，2008，42（14）：5310-5315.

［17］ LIN T，SHEN B，CHEN W，et al. Interaction Mechanisms Associated with Organic Colloid Fouling of Ultrafiltration Membrane in a Drinking Water Treatment System ［J］. Desalination，2014，332（1）：100-108.

[18] LI L，WANG Z，RIETVELD L C，et al. Comparison of the Effects of Extracellular and Intracellular Organic Matter Extracted from Microcystis Aeruginosa on Ultrafiltration Membrane Fouling：Dynamics and Mechanisms [J]. Environ Sci Technol，2014，48 (24)：14549-14557.

[19] PARK N，KWON B，KIM I S，et al. Biofouling Potential of Various NF Membranes with Respect to Bacteria and Their Soluble Microbial Products (SMP)：Characterizations，Flux decline，and Transport Parameters [J]. J Membr Sci，2005，258 (1-2)：43-54.

[20] WANG Q Y，WANG Z W，ZHU C W，et al. Assessment of SMP Fouling by Foulant-Membrane Interaction Energy Analysis [J]. J Membr Sci，2013，446：154-163.

[21] ZUO G Z，WANG R. Novel Membrane Surface Modification to Enhance Anti-Oil Fouling Property for Membrane Distillation Application [J]. J Membr Sci，2013，447：26-35.

[22] BACCHIN P. A Possible Link Between Critical and Limiting Flux for Colloidal Systems：Consideration of Critical Deposit Formation Along a Membrane [J]. J Membr Sci，2004，228 (2)：237-241.

[23] ROSSI N，DEROUINIOT-CHAPLAIN M，JAOUEN P，et al. Arthrospira Platensis Harvesting with Membranes：Fouling Phenomenon with Limiting and Critical Flux [J]. Bioresour Technol，2008，99 (14)：6162-6167.

[24] DIAGNE N W，RABILLER-BAUDRY M，PAUGAM L. On the Actual Cleanability of Polyethersulfone Membrane Fouled by Proteins at Critical or Limiting Flux [J]. J Membr Sci，2013，425：40-47.

[25] TANG C Y，KWON Y-N，LECKIE J O. The Role of Foulant-Foulant Electrostatic Interaction on Limiting Flux for RO and NF Membranes during Humic Acid Fouling-Theoretical Basis，Experimental Evidence，and AFM Interaction Force Measurement [J]. J Membr Sci，2009，326 (2)：526-532.

[26] TANG C Y，KWON Y-N，LECKIE J O. Fouling of Reverse Osmosis and Nanofiltration Membranes by Humic Acid-Effects of Solution Composition and Hydrodynamic Conditions [J]. J Membr Sci，2007，290 (1-2)：86-94.

[27] WANG Y-N，TANG C Y. Protein Fouling of Nanofiltration，Reverse Osmosis，and Ultrafiltration Membranes-The Role of Hydrodynamic Conditions，Solution Chemistry，and Membrane Properties [J]. Journal of Membrane Science，2011，376 (1-2)：275-282.

[28] CONTRERAS A E，KIM A，LI Q L. Combined Fouling of Nanofiltration Membranes：Mechanisms and Effect of Organic Matter [J]. J Membr Sci，2009，327 (1-2)：87-95.

[29] WANG Y-N，TANG C Y. Nanofiltration Membrane Fouling by Oppositely Charged Macromolecules：Investigation on Flux Behavior，Foulant Mass Deposition，and Solute Rejection [J]. Environmental Science & Technology，2011，45 (20)：8941-8947.

[30] FLEMMING H C，SCHAULE G，GRIEBE T，et al. Biofouling-the Achilles Heel of Membrane Processes [J]. Desalination，1997，113 (2-3)：215-225.

[31] VROUWENVELDER H S，VAN PAASSEN J A M，FOLMER H C，et al. Biofouling of Membranes for Drinking Water Production [J]. Desalination，1998，118 (1-3)：157-166.

[32] KHAWAJI A D，KUTUBKHANAH I K，WIE J-M. Advances in Seawater Desalination Technologies [J]. Desalination，2008，221 (1-3)：47-69.

[33] DABROWSKI A，PODKOSCIELNY P，HUBICKI Z，et al. Adsorption of Phenolic Compounds by Activated Carbon-a Critical Review [J]. Chemosphere，2005，58 (8)：1049-1070.

[34] JACANGELO J G，DEMARCO J，OWEN D M，et al. Selected Processes for Removing NOM-An Overview [J]. Journal American Water Works Association，1995，87 (1)：64-77.

[35] GUR-REZNIK S，KATZ I，DOSORETZ C G. Removal of Dissolved Organic Matter by Granular-Activated Carbon Adsorption as a Pretreatment to Reverse Osmosis of Membrane Bioreactor Effluents

[J]. Water Res, 2008, 42 (6-7): 1595-1605.

[36] KIM S L, CHEN J P, TING Y P. Study on Feed Pretreatment for Membrane Filtration of Secondary Effluent [J]. Sep Purif Technol, 2002, 29 (2): 171-179.

[37] HER N, AMY G, PARK H R, et al. Characterizing Algogenic Organic Matter (AOM) and Evaluating Associated NF Membrane Fouling [J]. Water Res, 2004, 38 (6): 1427-1438.

[38] BREHANT A, BONNELYE V, PEREZ M. Comparison of MF/UF Pretreatment with Conventional Filtration Prior to RO Membranes for Surface Seawater Desalination [J]. Desalination, 2002, 144 (1-3): 353-360.

[39] PEARCE G K. The Case for UF/MF Pretreatment to RO in Seawater Applications [J]. Desalination, 2007, 203 (1-3): 286-295.

[40] XU J, RUAN G L, CHU X Z, et al. A Pilot Study of UF Pretreatment without any Chemicals for SWRO Desalination in China [J]. Desalination, 2007, 207 (1-3): 216-226.

[41] JEONG S, CHOI Y J, NGUYEN T V, et al. Submerged Membrane Hybrid Systems as Pretreatment in Seawater Reverse Osmosis (SWRO): Optimisation and Fouling Mechanism Determination [J]. J Membr Sci, 2012, 411: 173-181.

[42] CHANG I S, LE CLECH P, JEFFERSON B, et al. Membrane Fouling in Membrane Bioreactors for Wastewater Treatment [J]. Journal of Environmental Engineering-Asce, 2002, 128 (11): 1018-1029.

[43] SHANNON M A, BOHN P W, ELIMELECH M, et al. Science and Technology for Water Purification in the Coming Decades [J]. Nature, 2008, 452 (7185): 301-310.

[44] BONNELYE V, SANZ M A, DURAND J P, et al. Reverse Osmosis on Open Intake Seawater: Pre-Treatment Strategy [J]. Desalination, 2004, 167 (1-3): 191-200.

[45] LAI C H, CHEN Y H, YEH H H. Effects of Feed Water Quality and Pretreatment on NF Membrane Fouling Control [J]. Separation Science and Technology, 2013, 48 (11): 1609-1615.

[46] GHAFOUR E E A. Enhancing RO System Performance Utilizing Antiscalants [J]. Desalination, 2003, 153 (1-3): 149-153.

[47] HASSON D, DRAK A, SEMIAT R. Induction Times Induced in an RO System by Antiscalants Delaying $CaSO_4$ Precipitation [J]. Desalination, 2003, 157 (1-3): 193-207.

[48] GLOEDE M, MELIN T. Physical Aspects of Membrane Scaling [J]. Desalination, 2008, 224 (1-3): 71-75.

[49] YANG Q F, LIU Y Q, LI Y J. Humic Acid Fouling Mitigation by Antiscalant in Reverse Osmosis System [J]. Environ Sci Technol, 2010, 44 (13): 5153-5158.

[50] YANG Q F, LIU Y Q, LI Y J. Control of Protein (BSA) Fouling in RO System by Antiscalants [J]. J Membr Sci, 2010, 364 (1-2): 372-379.

[51] GREENLEE L F, LAWLER D F, FREEMAN B D, et al. Reverse Osmosis Desalination: Water Sources, Technology, and Today's Challenges [J]. Water Res, 2009, 43 (9): 2317-2348.

[52] SHIH W-Y, GAO J, RAHARDIANTO A, et al. Ranking of Antiscalant Performance for Gypsum Scale Suppression in the Presence of Residual Aluminum [J]. Desalination, 2006, 196 (1-3): 280-292.

[53] VROUWENVELDER J S, MANOLARAKIS S A, VEENENDAAL H R, et al. Biofouling Potential of Chemicals Used for Scale Control in RO and NF Membranes [J]. Desalination, 2000, 132 (1-3): 1-10.

[54] SWEITY A, OREN Y, RONEN Z, et al. The Influence of Antiscalants on Biofouling of RO Membranes in Seawater Desalination [J]. Water Res, 2013, 47 (10): 3389-3398.

[55] DA SILVA M K, TESSARO I C, WADA K. Investigation of Oxidative Degradation of Polyamide

Reverse Osmosis Membranes by Monochloramine Solutions [J]. J Membr Sci, 2006, 282 (1-2): 375-382.

[56] PETRUCCI G, ROSELLINI M. Chlorine Dioxide in Seawater for Fouling Control and Post-Disinfection in Potable Waterworks [J]. Desalination, 2005, 182 (1-3): 283-291.

[57] DO V T, TANG C Y Y, REINHARD M, et al. Degradation of Polyamide Nanofiltration and Reverse Osmosis Membranes by Hypochlorite [J]. Environ Sci Technol, 2012, 46 (2): 852-859.

[58] KANG G D, GAO C J, CHEN W D, et al. Study on Hypochlorite Degradation of Aromatic Polyamide Reverse Osmosis Membrane [J]. J Membr Sci, 2007, 300 (1-2): 165-171.

[59] KWON Y N, TANG C Y, LECKIE J O. Change of Membrane Performance Due to Chlorination of Crosslinked Polyamide Membranes [J]. J Appl Polym Sci, 2006, 102 (6): 5895-5902.

[60] SCHNEIDER R P, FERREIRA L M, BINDER P, et al. Dynamics of Organic Carbon and of Bacterial Populations in a Conventional Pretreatment Train of a Reverse Osmosis Unit Experiencing Severe Biofouling [J]. J Membr Sci, 2005, 266 (1-2): 18-29.

[61] VAN GELUWE S, VINCKIER C, BOBU E, et al. Eightfold Increased Membrane Flux of NF 270 by O-3 Oxidation of Natural Humic Acids without Deteriorated Permeate Quality [J]. J Chem Technol Biotechnol, 2010, 85 (11): 1480-1488.

[62] VAN GELUWE S, VINCKIER C, BRAEKEN L, et al. Ozone Oxidation of Nanofiltration Concentrates Alleviates Membrane Fouling in Drinking Water Industry [J]. J Membr Sci, 2011, 378 (1-2): 128-137.

[63] KIM D, JUNG S, SOHN J, et al. Biocide Application for Controlling Biofouling of SWRO Membranes-an Overview [J]. Desalination, 2009, 238 (1-3): 43-52.

[64] LI Q L, ELIMELECH M. Organic Fouling and Chemical Cleaning of Nanofiltration Membranes: Measurements and Mechanisms [J]. Environmental Science & Technology, 2004, 38 (17): 4683-4693.

[65] AL-AMOUDI A, LOVITT R W. Fouling Strategies and the Cleaning System of NF Membranes and Factors Affecting Cleaning Efficiency [J]. J Membr Sci, 2007, 303 (1-2): 6-28.

[66] ANG W S, YIP N Y, TIRAFERRI A, et al. Chemical Cleaning of RO Membranes Fouled by Wastewater Effluent: Achieving Higher Efficiency with Dual-Step Cleaning [J]. J Membr Sci, 2011, 382 (1-2): 100-106.

[67] D'SOUZA N M, MAWSON A J. Membrane Cleaning in the Dairy Industry: A Review [J]. Crit Rev Food Sci Nutr, 2005, 45 (2): 125-134.

[68] ANG W S, LEE S Y, ELIMELECH M. Chemical and Physical Aspects of Cleaning of Organic-Fouled Reverse Osmosis Membranes [J]. J Membr Sci, 2006, 272 (1-2): 198-210.

[69] LEE S, ELIMELECH M. Salt Cleaning of Organic-Fouled Reverse Osmosis Membranes [J]. Water Res, 2007, 41 (5): 1134-1142.

[70] SIMON A, PRICE W E, NGHIEM L D. Influence of Formulated Chemical Cleaning Reagents on the Surface Properties and Separation Efficiency of Nanofiltration Membranes [J]. Journal of Membrane Science, 2013, 432: 73-82.

[71] AL-AMOUDI A, WILLIAMS P, MANDALE S, et al. Cleaning Results of New and Fouled Nanofiltration Membrane Characterized by Zeta Potential and Permeability [J]. Sep Purif Technol, 2007, 54 (2): 234-240.

[72] AL-AMOUDI A, WILLIAMS P, AL-HOBAIB A S, et al. Cleaning Results of New and Fouled Nanofiltration Membrane Characterized by Contact Angle, Updated DSPM, Flux and Salts Rejection [J]. Appl Surf Sci, 2008, 254 (13): 3983-3992.

[73] SIMON A, PRICE W E, NGHIEM L D. Changes in Surface Properties and Separation Efficiency of a

Nanofiltration Membrane after Repeated Fouling and Chemical Cleaning Cycles [J]. Sep Purif Technol, 2013, 113: 42-50.

[74] SIMON A, MCDONALD J A, KHAN S J, et al. Effects of Caustic Cleaning on Pore Size of Nanofiltration Membranes and Their Rejection of Trace Organic Chemicals [J]. J Membr Sci, 2013, 447: 153-162.

[75] ESPINASSE B P, CHAE S-R, MARCONNET C, et al. Comparison of Chemical Cleaning Reagents and Characterization of Foulants of Nanofiltration Membranes Used in Surface Water Treatment [J]. Desalination, 2012, 296: 1-6.

[76] PIHKO P M, RISSA T K, AKSELA R. Enantiospecific Synthesis of Isomers of AES, a New Environmentally Friendly Chelating Agent [J]. Tetrahedron, 2004, 60 (48): 10949-10954.

[77] ANG W S, TIRAFERRI A, CHEN K L, et al. Fouling and Cleaning of RO Membranes Fouled by Mixtures of Organic Foulants Simulating Wastewater Effluent [J]. J Membr Sci, 2011, 376 (1-2): 196-206.

[78] VRIJENHOEK E M, HONG S, ELIMELECH M. Influence of Membrane Surface Properties on Initial Rate of Colloidal Fouling of Reverse Osmosis and Nanofiltration Membranes [J]. J Membr Sci, 2001, 188 (1): 115-128.

[79] TANG C Y Y, KWON Y N, LECKIE J O. Effect of Membrane Chemistry and Coating Layer on Physiochemical Properties of Thin Film Composite Polyamide RO and NF Membranes I. FTIR and XPS Characterization of Polyamide and Coating Layer Chemistry [J]. Desalination, 2009, 242 (1-3): 149-167.

[80] TANG C Y Y, KWON Y N, LECKIE J O. Effect of Membrane Chemistry and Coating Layer on Physiochemical Properties of Thin Film Composite Polyamide RO and NF Membranes II. Membrane Physiochemical Properties and Their Dependence on Polyamide and Coating Layers [J]. Desalination, 2009, 242 (1-3): 168-182.

[81] NORBERG D, HONG S, TAYLOR J, et al. Surface Characterization and Performance Evaluation of Commercial Fouling Resistant Low-Pressure RO Membranes [J]. Desalination, 2007, 202 (1-3): 45-52.

[82] CONTRERAS A E, STEINER Z, MIAO J, et al. Studying the Role of Common Membrane Surface Functionalities on Adsorption and Cleaning of Organic Foulants Using QCM-D [J]. Environ Sci Technol, 2011, 45 (15): 6309-6315.

[83] MO Y H, TIRAFERRI A, YIP N Y, et al. Improved Antifouling Properties of Polyamide Nanofiltration Membranes by Reducing the Density of Surface Carboxyl Groups [J]. Environ Sci Technol, 2012, 46 (24): 13253-13261.

[84] LOUIE J S, PINNAU I, CIOBANU I, et al. Effects of Polyether-Polyamide Block Copolymer Coating on Performance and Fouling of Reverse Osmosis Membranes [J]. J Membr Sci, 2006, 280 (1-2): 762-770.

[85] SARKAR A, CARVER P I, ZHANG T, et al. Dendrimer-Based Coatings for Surface Modification of Polyamide Reverse Osmosis Membranes [J]. J Membr Sci, 2010, 349 (1-2): 421-428.

[86] ISHIGAMI T, AMANO K, FUJII A, et al. Fouling Reduction of Reverse Osmosis Membrane by Surface Modification Via Layer-by-Layer Assembly [J]. Sep Purif Technol, 2012, 99: 1-7.

[87] YU S C, YAO G H, DONG B Y, et al. Improving Fouling Resistance of Thin-Film Composite Polyamide Reverse Osmosis Membrane by Coating Natural Hydrophilic Polymer Sericin [J]. Sep Purif Technol, 2013, 118: 285-293.

[88] CHENG Q, ZHENG Y, YU S, et al. Surface Modification of a Commercial Thin-Film Composite Polyamide Reverse Osmosis Membrane through Graft Polymerization of *N*-Isopropylacrylamide Fol-

lowed by Acrylic Acid [J]. J Membr Sci, 2013, 447: 236-245.

[89] ABU SEMAN M N, KHAYET M, BIN ALI Z I, et al. Reduction of Nanofiltration Membrane Fouling by UV-Initiated Graft Polymerization Technique [J]. J Membr Sci, 2010, 355 (1-2): 133-141.

[90] LIN N H, KIM M-M, LEWIS G T, et al. Polymer Surface Nano-Structuring of Reverse Osmosis Membranes for Fouling Resistance and Improved Flux Performance [J]. J Mater Chem, 2010, 20 (22): 4642-4652.

[91] KANG G, YU H, LIU Z, et al. Surface Modification of a Commercial Thin Film Composite Polyamide Reverse Osmosis Membrane by Carbodiimide-Induced Grafting with Poly (Ethylene glycol) Derivatives [J]. Desalination, 2011, 275 (1-3): 252-259.

[92] YIN J, YANG Y, HU Z Q, et al. Attachment of Silver Nanoparticles (AgNPs) onto Thin-Film Composite (TFC) Membranes through Covalent Bonding to Reduce Membrane Biofouling [J]. J Membr Sci, 2013, 441: 73-82.

[93] ABU SEMAN M N, KHAYET M, HILAL N. Nanofiltration Thin-Film Composite Polyester Polyethersulfone-Based Membranes Prepared by Interfacial Polymerization [J]. J Membr Sci, 2010, 348 (1-2): 109-116.

[94] AN Q-F, SUN W-D, ZHAO Q, et al. Study on a Novel Nanofiltration Membrane Prepared by Interfacial Polymerization with Zwitterionic Amine Monomers [J]. Journal of Membrane Science, 2013, 431: 171-179.

[95] WU H Q, TANG B B, WU P Y. Preparation and Characterization of Anti-Fouling Beta-Cyclodextrin/Polyester Thin Film Nanofiltration Composite Membrane [J]. J Membr Sci, 2013, 428: 301-308.

[96] ZHANG Y, SU Y L, PENG J M, et al. Composite Nanofiltration Membranes Prepared by Interfacial Polymerization with Natural Material Tannic Acid and Trimesoyl Chloride [J]. J Membr Sci, 2013, 429: 235-242.

[97] JEONG B H, HOEK E M V, YAN Y S, et al. Interfacial Polymerization of Thin Film Nanocomposites: A New Concept for Reverse Osmosis Membranes [J]. J Membr Sci, 2007, 294 (1-2): 1-7.

[98] JIN L M, SHI W X, YU S L, et al. Preparation and Characterization of a Novel PA-SiO$_2$ Nanofiltration Membrane for Raw Water Treatment [J]. Desalination, 2012, 298: 34-41.

[99] VATANPOUR V, MADAENI S S, MORADIAN R, et al. Fabrication and Characterization of Novel Antifouling Nanofiltration Membrane Prepared from Oxidized Multiwalled Carbon Nanotube/Polyethersulfone Nanocomposite [J]. J Membr Sci, 2011, 375 (1-2): 284-294.

[100] KIM E S, HWANG G, EL-DIN M G, et al. Development of Nanosilver and Multi-Walled Carbon Nanotubes Thin-Film Nanocomposite Membrane for Enhanced Water Treatment [J]. J Membr Sci, 2012, 394: 37-48.

[101] SU B, DOU M, GAO X, et al. Study on Seawater Nanofiltration Softening Technology for Offshore Oilfield Water and Polymer Flooding [J]. Desalination, 2012, 297: 30-37.

[102] MONDAL S, WICKRAMASINGHE S R. Produced Water Treatment by Nanofiltration and Reverse Osmosis Membranes [J]. J Membr Sci, 2008, 322 (1): 162-170.

[103] ALZAHRANI S, MOHAMMAD A W, HILAL N, et al. Identification of Foulants, Fouling Mechanisms and Cleaning Efficiency for NF and RO Treatment of Produced Water [J]. Separation and Purification Technology, 2013, 118: 324-341.

[104] ZHANG R, SHI W, YU S, et al. Influence of Salts, Anion Polyacrylamide and Crude Oil on Nanofiltration Membrane Fouling during Desalination Process of Polymer Flooding Produced Water [J]. Desalination, 2015, 373: 27-37.

[105] MONDAL S，WICKRAMASINGHE S R. Photo-Induced Graft Polymerization of N-Isopropyl Acryl-amide on Thin Film Composite Membrane：Produced Water Treatment and Antifouling Properties [J]. Sep Purif Technol，2012，90：231-238.

[106] KUMAR R，PAL P. Membrane-Integrated Hybrid System for the Effective Treatment of Ammoni-acal Wastewater of Coke-Making Plant：a Volume Reduction Approach [J]. Environmental Technology，2014，35（16）：2018-2027.

[107] HEFFERNAN R，SEMIAO A J C，DESMOND P，et al. Disinfection of a Polyamide Nanofiltration Membrane Using Ethanol [J]. J Membr Sci，2013，448：170-179.

[108] KHAN M T，BUSCH M，MOLINA V G，et al. How Different Is the Composition of the Fouling Layer of Wastewater Reuse and Seawater Desalination RO Membranes? [J]. Water Res，2014，59：271-282.

[109] KHAN M T，MANES C L D，AUBRY C，et al. Source Water Quality Shaping Different Fouling Scenarios in a Full-Scale Desalination Plant at the Red Sea [J]. Water Research，2013，47（2）：558-568.

[110] GUO H，YOU F，YU S，et al. Mechanisms of Chemical Cleaning of Ion Exchange Membranes：A Case Study of Plant-Scale Electrodialysis for Oily Wastewater Treatment [J]. Journal of Membrane Science，2015，496：310-317.

[111] FONSECA A C，SUMMERS R S，GREENBERG A R，et al. Extra-Cellular Polysaccharides，Soluble Microbial Products，and Natural Organic Matter Impact on Nanofiltration Membranes Flux Decline [J]. Environ Sci Technol，2007，41（7）：2491-2497.

[112] LEE S J，DILAVER M，PARK P K，et al. Comparative Analysis of Fouling Characteristics of Ceramic and Polymeric Microfiltration Membranes Using Filtration Models [J]. J Membr Sci，2013，432：97-105.

[113] ZHANG J G，XU Z W，SHAN M J，et al. Synergetic Effects of Oxidized Carbon Nanotubes and Graphene Oxide on Fouling Control and Anti-Fouling Mechanism of Polyvinylidene Fluoride Ultrafiltration Membranes [J]. J Membr Sci，2013，448：81-92.

[114] CHANG E E，YANG S Y，HUANG C P，et al. Assessing the Fouling Mechanisms of High-Pressure Nanofiltration Membrane Using the Modified Hermia Model and the Resistance-in-Series Model [J]. Sep Purif Technol，2011，79（3）：329-336.

[115] DAHOUMANE S A，NGUYEN M N，THOREL A，et al. Protein-Functionalized Hairy Diamond Nanoparticles [J]. Langmuir，2009，25（17）：9633-9638.

[116] SAM S，TOUAHIR L，SALVADOR ANDRESA J，et al. Semiquantitative Study of the EDC/NHS Activation of Acid Terminal Groups at Modified Porous Silicon Surfaces [J]. Langmuir，2010，26（2）：809-814.

[117] WANG C，YAN Q，LIU H B，et al. Different EDC/NHS Activation Mechanisms between PAA and PMAA Brushes and the Following Amidation Reactions [J]. Langmuir，2011，27（19）：12058-12068.

[118] LIU G，YU S，YANG H，et al. Molecular Mechanisms of Ultrafiltration Membrane Fouling in Polymer-Flooding Wastewater Treatment：Role of Ions in Polymeric Fouling [J]. Environ Sci Technol，2016，50（3）：1393-1402.

[119] LIN J，TANG C Y，HUANG C，et al. A Comprehensive Physico-Chemical Characterization of Superhydrophilic Loose Nanofiltration Membranes [J]. J Membr Sci，2016，501：1-14.

[120] CAKMAKCI M，KAYAALP N，KOYUNCU I. Desalination of Produced Water from Oil Production Fields by Membrane Processes [J]. Desalination，2008，222（1-3）：176-186.

[121] WANG Z，MA J，TANG C Y，et al. Membrane Cleaning in Membrane Bioreactors：A Review

[J]. J Membr Sci，2014，468：276-307.

[122] LIU G，YU S，YANG H，et al. Molecular Mechanisms of Ultrafiltration Membrane Fouling in Polymer-Flooding Wastewater Treatment：Role of Ions in Polymeric Fouling [J]. Environ Sci Technol，2016，50 (3)：1393-1402.

[123] HAN G，DE WIT J S，CHUNG T-S. Water Reclamation from Emulsified Oily Wastewater Via Effective Forward Osmosis Hollow Fiber Membranes under the PRO Mode [J]. Water Res，2015，81：54-63.

[124] PHUNTSHO S，LOTFI F，HONG S，et al. Membrane Scaling and Flux Decline during Fertiliser-Drawn Forward Osmosis Desalination of Brackish Groundwater [J]. Water Research，2014，57：172-182.

[125] ANTONY A，LOW J H，GRAY S，et al. Scale Formation and Control in High Pressure Membrane Water Treatment Systems：A Review [J]. J Membr Sci，2011，383 (1-2)：1-16.

[126] OHNO K，MATSUI Y，ITOH M，et al. NF Membrane Fouling by Aluminum and Iron Coagulant Residuals after Coagulation-MF Pretreatment [J]. Desalination，2010，254 (1-3)：17-22.

[127] OCHANDO-PULIDO J M，RODRIGUEZ-VIVES S，HODAIFA G，et al. Impacts of Operating Conditions on Reverse Osmosis Performance of Pretreated Olive Mill Wastewater [J]. Water Research，2012，46 (15)：4621-4632.

[128] ASATEKIN A，MAYES A M. Oil Industry Wastewater Treatment with Fouling Resistant Membranes Containing Amphiphilic Comb Copolymers [J]. Environ Sci Technol，2009，43 (12)：4487-4492.

[129] KANG G D，CAO Y M. Development of Antifouling Reverse Osmosis Membranes for Water Treatment：A Review [J]. Water Res，2012，46 (3)：584-600.

[130] ZHAO L，HO W S W. Novel Reverse Osmosis Membranes Incorporated with a Hydrophilic Additive for Seawater Desalination [J]. J Membr Sci，2014，455：44-54.

[131] ZHAO H Y，QIU S，WU L G，et al. Improving the Performance of Polyamide Reverse Osmosis Membrane by Incorporation of Modified Multi-Walled Carbon Nanotubes [J]. J Membr Sci，2014，450：249-256.

[132] FLETCHER P D，SAVORY L D，WOODS F，et al. Model Study of Enhanced Oil Recovery by Flooding with Qqueous Surfactant Solution and Comparison with Theory [J]. Langmuir，2015，31 (10)：3076-3085.

[133] MAZZONI C，BRUNI L，BANDINI S. Nanofiltration：Role of the Electrolyte and pH on Desal DK Performances [J]. Industrial & Engineering Chemistry Research，2007，46 (8)：2254-2262.

[134] LUO J，WAN Y. Effects of pH and Salt on Nanofiltration-A Critical Review [J]. Journal of Membrane Science，2013，438：18-28.

[135] ESQUINAS N，RODRIGUEZ-VALDES E，MARQUEZ G，et al. Diagnostic Ratios for the Rapid Evaluation of Natural Attenuation of Heavy Fuel Oil Pollution along Shores [J]. Chemosphere，2017，184：1089-1098.

[136] LI Q，SONG J，YU H，et al. Investigating the Microstructures and Surface Features of Seawater RO Membranes and the Dependencies of Fouling Resistance Performances [J]. Desalination，2014，352：109-117.

[137] MEL NDEZ L V，LACHE A，ORREGO-RUIZ J A，et al. Prediction of the SARA Analysis of Colombian Crude Oils Using ATR – FTIR Spectroscopy and Chemometric Methods [J]. Journal of Petroleum Science and Engineering，2012，90-91：56-60.

[138] GORZALSKI A S，CORONELL O. Fouling of Nanofiltration Membranes in Full-and Bench-Scale Systems Treating Groundwater Containing Silica [J]. Journal of Membrane Science，2014，468：

349-359.

[139]  RIVAS B L, PEREIRA E D, PALENCIA M, et al. Water-Soluble Functional Polymers in Conjunction with Membranes to Remove Pollutant Ions from Aqueous Solutions [J]. Progress in Polymer Science, 2011, 36 (2): 294-322.

[140]  ZHOU L, XIA S, ALVAREZ-COHEN L. Structure and Distribution of Inorganic Components in the Cake Layer of a Membrane Bioreactor Treating Municipal Wastewater [J]. Bioresour Technol, 2015, 196: 586-591.

[141]  LI Y J, ZENG X P, LIU Y F, et al. Study on the Treatment of Copper-Electroplating Wastewater by Chemical Trapping and Flocculation [J]. Separation and Purification Technology, 2003, 31 (1): 91-95.

[142]  DESAI K R, MURTHY Z V P. Removal of Silver from Qqueous Solutions by Complexation-Ultrafiltration Using Anionic Polyacrylamide [J]. Chemical Engineering Journal, 2012, 185: 187-192.

[143]  SUN Z, CAO H, XIAO Y, et al. Toward Sustainability for Recovery of Critical Metals from Electronic Waste: The Hydrochemistry Processes [J]. Acs Sustainable Chemistry & Engineering, 2017, 5 (1): 21-40.

[144]  ZHOU G, LUO J, LIU C, et al. A Highly Efficient Polyampholyte Hydrogel Sorbent Based Fixed-Bed Process for Heavy Metal Removal in Actual Industrial Effluent [J]. Water Research, 2016, 89: 151-160.

[145]  YAN L, WANG Y, MA H, et al. Feasibility of Fly Ash-Based Composite Coagulant for Coal Washing Wastewater Treatment [J]. Journal of Hazardous Materials, 2012, 203: 221-228.

[146]  PARK J H, OH C, HAN Y-S, et al. Optimizing the Addition of Flocculants for Recycling Mineral-Processing Wastewater [J]. Geosystem Engineering, 2015, 19 (2): 83-88.

[147]  LIN Q, PENG H, ZHONG S, et al. Synthesis, Characterization, and Secondary Sludge Dewatering Performance of a Novel Combined Silicon-Aluminum-Iron-Starch Flocculant [J]. Journal of Hazardous Materials, 2015, 285: 199-206.

[148]  ZHANG J, YUE Q, XIA C, et al. The Study of $Na_2SiO_3$ as Conditioner Used to Deep Dewater the Urban Sewage Dewatered Sludge by Filter Press [J]. Separation and Purification Technology, 2017, 174: 331-337.

[149]  LIU T, LIAN Y, GRAHAM N, et al. Application of Polyacrylamide Flocculation with and Without Alum Coagulation for Mitigating Ultrafiltration Membrane Fouling: Role of Floc Structure and Bacterial Activity [J]. Chemical Engineering Journal, 2017, 307: 41-48.

[150]  SAHA S, SARKAR P. Arsenic Remediation from Drinking Water by Synthesized Nano-Alumina Dispersed in Chitosan-grafted Polyacrylamide [J]. Journal of Hazardous Materials, 2012, 227: 68-78.

[151]  WISNIEWSKA M, CHIBOWSKI S, URBAN T. Investigation of Removal Possibilities of Colloidal Alumina from Aqueous Solution by the Use of Anionic Polyacrylamide [J]. International Journal of Environmental Research, 2016, 10 (1): 97-108.

[152]  ZHANG R, YUAN S, SHI W, et al. The Impact of Anionic Polyacrylamide (APAM) on Ultrafiltration Efficiency in Flocculation-Ultrafiltration Process [J]. Water Science and Technology, 2017, 75 (8): 1982-1989.

[153]  WANG T, YU S, HOU L-A. Impacts of HPAM Molecular Weights on Desalination Performance of Ion Exchange Membranes and Fouling Mechanism [J]. Desalination, 2017, 404: 50-58.

[154]  PARK M, ANUMOL T, SIMON J, et al. Pre-Ozonation for High Recovery of Nanofiltration (NF) Membrane System: Membrane Fouling Reduction and Trace Organic Compound Attenuation [J]. Journal of Membrane Science, 2017, 523: 255-263.

[155] YU W, LIU T, CRAWSHAW J, et al. Ultrafiltration and Nanofiltration Membrane Fouling by Natural Organic Matter: Mechanisms and Mitigation by Pre-Ozonation and pH [J]. Water Research, 2018, 139: 353-362.

[156] SHON H K, VIGNESWARAN S, BEN AIM R, et al. Influence of Flocculation and Adsorption as Pretreatment on the Fouling of Ultrafiltration and Nanofiltration Membranes: Application with Biologically Treated Sewage Effluent [J]. Environmental Science & Technology, 2005, 39 (10): 3864-3871.

[157] CHOUDHURY R R, GOHIL J M, MOHANTY S, et al. Antifouling, Fouling Release and Antimicrobial Materials for Surface Modification of Reverse Osmosis and Nanofiltration Membranes [J]. Journal of Materials Chemistry A, 2018, 6 (2): 313-333.

[158] JIN X, HUANG X, HOEK E M V. Role of Specific Ion Interactions in Seawater RO Membrane Fouling by Alginic Acid [J]. Environmental science & technology, 2009, 43 (10): 3580-3587.

[159] LISTIARINI K, CHUN W, SUN D D, et al. Fouling Mechanism and Resistance Analyses of Systems Containing Sodium Alginate, Calcium, Alum and Their Combination in Dead-End Fouling of Nanofiltration Membranes [J]. Journal of Membrane Science, 2009, 344 (1-2): 244-251.

[160] MO H, TAY K G, NG H Y. Fouling of Reverse Osmosis Membrane by Protein (BSA): Effects of pH, Calcium, Magnesium, Ionic Strength and Temperature [J]. Journal of Membrane Science, 2008, 315 (1-2): 28-35.

[161] GONDER Z B, ARAYICI S, BARLES H. Advanced Treatment of Pulp and Paper Mill Wastewater by Nanofiltration Process: Effects of Operating Conditions on Membrane Fouling [J]. Separation and Purification Technology, 2011, 76 (3): 292-302.

[162] WU B, KITADE T, CHONG T H, et al. Impact of Membrane Bioreactor Operating Conditions on Fouling Behavior of Reverse Osmosis Membranes in MBR-RO Processes [J]. Desalination, 2013, 311: 37-45.

[163] ARABI S, NAKHLA G. Impact of Molecular Weight Distribution of Soluble Microbial Products on Fouling in Membrane Bioreactors [J]. Separation and Purification Technology, 2010, 73 (3): 391-396.

[164] SALGADO C, PALACIO L, CARMONA F J, et al. Influence of Low and High Molecular Weight Compounds on the Permeate Flux Decline in Nanofiltration of Red Grape Must [J]. Desalination, 2013, 315: 124-134.

[165] SUN W, NAN J, XING J, et al. Influence and Mechanism of Different Molecular Weight Organic Molecules in Natural Water on Ultrafiltration Membrane Fouling Reversibility [J]. Rsc Advances, 2016, 6 (86): 83456-83465.

[166] TAN Y, LIN T, CHEN W, et al. Effect of Organic Molecular Weight Distribution on Membrane Fouling in an Ultrafiltration System with Ozone Oxidation from the Perspective of Interaction Energy [J]. Environmental Science-Water Research & Technology, 2017, 3 (6): 1132-1142.

[167] TEIXEIRA M R, SOUSA V S. Fouling of Nanofiltration Membrane: Effects of NOM Molecular Weight and Microcystins [J]. Desalination, 2013, 315: 149-155.

[168] YU C-H, WU C-H, LIN C-H, et al. Hydrophobicity and Molecular Weight of Humic Substances on Ultrafiltration Fouling and Resistance [J]. Separation and Purification Technology, 2008, 64 (2): 206-212.

[169] Van Oss, Carel J. Interfacial Forces in Aqueous Media, Marcel Dekker [M]. New York: Marcel Dekker Inc. 1994.

[170] LI L, WANG Z, RIETVELD L C, et al. Comparison of the Effects of Extracellular and Intracellular Organic Matter Extracted From Microcystis aeruginosa on Ultrafiltration Membrane Fouling:

Dynamics and Mechanisms ［J］. Environmental science & technology, 2014, 48 (24): 14549-14557.

[171] ADOUT A, KANG S, ASATEKIN A, et al. Ultrafiltration Membranes Incorporating Amphiphilic Comb Copolymer Additives Prevent Irreversible Adhesion of Bacteria ［J］. Environmental Science & Technology, 2010, 44 (7): 2406-2411.

[172] MI B X, ELIMELECH M. Organic Fouling of Forward Osmosis Membranes: Fouling Reversibility and Cleaning without Chemical Reagents ［J］. Journal of Membrane Science, 2010, 348 (1-2): 337-345.

[173] WANG L, MIAO R, WANG X D, et al. Fouling Behavior of Typical Organic Foulants in Polyvinylidene Fluoride Ultrafiltration Membranes: Characterization from Microforces ［J］. Environmental Science & Technology, 2013, 47 (8): 3708-3714.

[174] MIAO R, WANG L, LV Y, et al. Identifying Polyvinylidene Fluoride Ultrafiltration Membrane Fouling Behavior of Different Effluent Organic Matter Fractions Using Colloidal Probes ［J］. Water Research, 2014, 55: 313-322.

[175] MIAO R, WANG L, MI N, et al. Enhancement and Mitigation Mechanisms of Protein Fouling of Ultrafiltration Membranes under Different Ionic Strengths ［J］. Environmental Science & Technology, 2015, 49 (11): 6574-6580.

[176] LIU J, WANG Z, TANG C Y, et al. Modeling Dynamics of Colloidal Fouling of RO/NF Membranes with A Novel Collision-Attachment Approach ［J］. Environmental Science & Technology, 2018, 52 (3): 1471-1478.

[177] HASCHKE H, MILES M J, KOUTSOS V. Conformation of a Single Polyacrylamide Molecule Adsorbed onto a Mica Surface Studied with Atomic Force Microscopy ［J］. Macromolecules, 2004, 37 (10): 3799-3803.

[178] GUO H, XIAO L, YU S, et al. Analysis of Anion Exchange Membrane Fouling Mechanism Caused by Anion Polyacrylamide in Electrodialysis ［J］. Desalination, 2014, 346: 46-53.

[179] RIVAS B L, PEREIRA E D, MORENO-VILLOSLADA I. Water-Soluble Polymer-Metal Ion Interactions ［J］. Prog Polym Sci, 2003, 28 (2): 173-208.

[180] VAN DE VEN W J C, SANT K V T, P NT I G M, et al. Hollow Fiber Dead-End Ultrafiltration: Influence of Ionic Environment on Filtration of Alginates ［J］. Journal of Membrane Science, 2008, 308 (1-2): 218-229.

[181] LONG J, XU Z H, MASLIYAH J H. Adhesion off Single Polyelectrolyte Molecules on Silica, Mica, and Bitumen Surfaces ［J］. Langmuir : the ACS Journal of Surfaces and Colloids, 2006, 22 (4): 1652-1659.

[182] WEI H, VAN DE VEN T G M. AFM - Based Single Molecule Force Spectroscopy of Polymer Chains: Theoretical Models and Applications ［J］. Applied Spectroscopy Reviews, 2008, 43 (2): 111-133.

[183] MI B, ELIMELECH M. Organic Fouling of Forward Osmosis Membranes: Fouling Reversibility and Cleaning without Chemical Reagents ［J］. Journal of Membrane Science, 2010, 348 (1-2): 337-345.

[184] LEE S, ELIMELECH M. Salt Cleaning of Organic-Fouled Reverse Osmosis Membranes ［J］. Water Res, 2007, 41 (5): 1134-1142.

[185] HOEK E M V, ELIMELECH M. Cake-enhanced Concentration Polarization: A New Fouling Mechanism for Salt-Rejecting Membranes ［J］. Environ Sci Technol, 2003, 37 (24): 5581-5588.

[186] TAHERI A H, SIM L N, HAUR C T, et al. The Fouling Potential of Colloidal Silica and Humic Acid and Their Mixtures ［J］. J Membr Sci, 2013, 433: 112-120.

[187] BEYER F, RIETMAN B M, ZWIJNENBURG A, et al. Long-Term Performance and Fouling Analysis of Full-Scale Direct Nanofiltration (NF) Installations Treating Anoxic Groundwater [J]. Journal of Membrane Science, 2014, 468: 339-348.

[188] LEI Y, MEHMOOD F, LEE S, et al. Increased Silver Activity for Direct Propylene Epoxidation via Subnanometer Size Effects [J]. Science, 2010, 328 (5975): 224-228.

[189] TAO C, CULLEN W G, WILLIAMS E D. Visualizing the Electron Scattering Force in Nanostructures [J]. Science, 2010, 328 (5979): 736-740.

[190] LI X, WANG X, ZHANG L, et al. Chemically Derived, Ultrasmooth Graphene Nanoribbon Semiconductors [J]. Science, 2008, 319 (5867): 1229-1232.

[191] DICKHOUT J M, MORENO Y, BIESHEUVEL P M, et al. Produced Water Treatment by Membranes: A Review from a Colloidal Perspective [J]. Journal of Colloid and Interface Science, 2017, 487: 523-534.

[192] ZHANG B, ZHANG R, HUANG D, et al. Membrane Fouling in Microfiltration of Alkali/Surfactant/Polymer Flooding Oilfield Wastewater: Effect of Interactions of Key Foulants [J]. J Colloid Interface Sci, 2020, 570: 20-30.

[193] HUANG S, RAS R H A, TIAN X. Antifouling Membranes for Oily Wastewater Treatment: Interplay between Wetting and Membrane Fouling [J]. Current Opinion in Colloid & Interface Science, 2018, 36: 90-109.

[194] ZHAO D, QIU L, SONG J, et al. Efficiencies and Mechanisms of Chemical Cleaning Agents for Nanofiltration Membranes Used in Produced Wastewater Desalination [J]. Science of the Total Environment, 2019, 652: 256-266.

[195] BUNANI S, YORUKOGLU E, SERT G, et al. Application of Nanofiltration for Reuse of Municipal Wastewater and Quality Analysis of Product Water [J]. Desalination, 2013, 315: 33-36.

[196] ZHU X, DUDCHENKO A, GU X, et al. Surfactant-Stabilized Oil Separation from Water Using Ultrafiltration and Nanofiltration [J]. J Membr Sci, 2017, 529: 159-169.

[197] ESMAEILI A, SAREMNIA B. Comparison Study of Adsorption and Nanofiltration Methods for Removal of Total Petroleum Hydrocarbons from Oil-Field Wastewater [J]. Journal of Petroleum Science and Engineering, 2018, 171: 403-413.

[198] YI X S, SHI W X, YU S L, et al. Factorial Design Applied to Flux Decline of Anionic Polyacrylamide Removal from Water by Modified Polyvinylidene Fluoride Ultrafiltration Membranes [J]. Desalination, 2011, 274 (1-3): 7-12.

[199] ZSIRAI T, AL-JAML A K, QIBLAWEY H, et al. Ceramic Membrane Filtration of Produced Water: Impact of Membrane Module [J]. Separation and Purification Technology, 2016, 165: 214-221.

[200] SRIJAROONRAT P, JULIEN E, AURELLE Y. Unstable Secondary Oil Water Emulsion Treatment Using Ultrafiltration: Fouling Control by Backflushing [J]. Journal of Membrane Science, 1999, 159 (1-2): 11-20.

[201] CHIAO Y-H, CHEN S-T, PATRA T, et al. Zwitterionic forward Osmosis Membrane Modified by Fast Second Interfacial Polymerization with Enhanced Antifouling and Antimicrobial Properties for Produced Water Pretreatment [J]. Desalination, 2019, 469: 114090.

[202] ZHAO X, ZHANG R, LIU Y, et al. Antifouling Membrane Surface Construction: Chemistry Plays a Critical Role [J]. Journal of Membrane Science, 2018, 551: 145-171.

[203] STOLLER M. Effective Fouling Inhibition by Critical Flux Based Optimization Methods on a NF Membrane Module for Olive Mill Wastewater Treatment [J]. Chemical Engineering Journal, 2011, 168 (3): 1140-1148.

［204］ SWEITY A，OREN Y，RONEN Z，et al. The Influence of Antiscalants on Biofouling of RO Membranes in Seawater Desalination ［J］. Water Research，2013，47 (10)：3389-3398.

［205］ TAN Y-J，SUN L-J，LI B-T，et al. Fouling Characteristics and Fouling Control of Reverse Osmosis Membranes for Desalination of Dyeing Wastewater with High Chemical Oxygen Demand ［J］. Desalination，2017，419：1-7.

［206］ JACQUIN C，TEYCHENE B，LEMEE L，et al. Characteristics and Fouling Behaviors of Dissolved Organic Matter Fractions in a Full-Scale Submerged Membrane Bioreactor for Municipal Wastewater Treatment ［J］. Biochemical Engineering Journal，2018，132：169-181.

［207］ DING Y，TIAN Y，LI Z，et al. A Comprehensive Study into Fouling Properties of Extracellular Polymeric Substance (EPS) Extracted from Bulk Sludge and Cake Sludge in a Mesophilic Anaerobic Membrane Bioreactor ［J］. Bioresource Technology，2015，192：105-114.

［208］ BESSIERE Y，JEFFERSON B，GOSLAN E，et al. Effect of Hydrophilic/Hydrophobic Fractions of Natural Organic Matter on Irreversible Fouling of Membranes ［J］. Desalination，2009，249 (1)：182-187.

［209］ YANG L，WANG Z，ZHANG J. Zeolite Imidazolate Framework Hybrid Nanofiltration (NF) Membranes with Enhanced Permselectivity for Dye Removal ［J］. Journal of Membrane Science，2017，532：76-86.

［210］ ZHAO D，SONG J，XU J，et al. Behaviours and Mechanisms of Nanofiltration Membrane Fouling by Anionic Polyacrylamide with Different Molecular Weights in Brackish Wastewater Desalination ［J］. Desalination，2019，468：114058.

［211］ YAN L，LI Y S，XIANG C B. Preparation of Poly (Vinylidene Fluoride) (PVDF) Ultrafiltration Membrane Modified by Nano-Sized Alumina ($Al_2O_3$) and Its Antifouling Research ［J］. Polymer，2005，46 (18)：7701-7706.

［212］ GAO R，LI F，LI Y，et al. Effective Removal of Emulsified Oil from Oily Wastewater Using In-Situ Generated Metallic Hydroxides from Leaching Solution of White Mud ［J］. Chemical Engineering Journal，2017，309：513-521.

［213］ KIM S，LEE S，LEE E，et al. Enhanced or Reduced Concentration Polarization by Membrane Fouling in Seawater Reverse Osmosis (SWRO) Processes ［J］. Desalination，2009，247 (1-3)：162-168.

［214］ XU P，BELLONA C，DREWES J E. Fouling of Nanofiltration and Reverse Osmosis Membranes during Municipal Wastewater Reclamation：Membrane Autopsy Results from Pilot-Scale Investigations ［J］. Journal of Membrane Science，2010，353 (1-2)：111-121.

［215］ TANG F，HU H-Y，SUN L-J，et al. Fouling of Reverse Osmosis Membrane for Municipal Wastewater Reclamation：Autopsy Results from a Full-Scale Plant ［J］. Desalination，2014，349：73-79.

［216］ LIU G C，LI L，QIU L P，et al. Chemical Cleaning of Ultrafiltration Membranes for Polymer-Flooding Wastewater Treatment：Efficiency and Molecular Mechanisms ［J］. Journal of Membrane Science，2018，545：348-357.

［217］ LEE K P，ARNOT T C，MATTIA D. A Review of Reverse Osmosis Membrane Materials for Desalination-Development to Date and Future Potential ［J］. Journal of Membrane Science，2011，370 (1-2)：1-22.

［218］ SONG Y，SU B，GAO X，et al. Investigation on High NF Permeate Recovery and Scaling Potential Prediction in NF-SWRO Integrated Membrane Operation ［J］. Desalination，2013，330：61-69.

［219］ SONG Y，GAO X，LI T，et al. Improvement of Overall Water Recovery by Increasing R-NF with Recirculation in a NF-RO Integrated Membrane Process for Seawater Desalination ［J］. Desalination，2015，361：95-104.

[220] WANG Z, TANG J, ZHU C, et al. Chemical Cleaning Protocols for Thin Film Composite (TFC) Polyamide forward Osmosis Membranes Used for Municipal Wastewater Treatment [J]. Journal of Membrane Science, 2015, 475: 184-192.

[221] TIRAFERRI A, KANG Y, GIANNELIS E P, et al. Superhydrophilic Thin-Film Composite Forward Osmosis Membranes for Organic Fouling Control: Fouling Behavior and Antifouling Mechanisms [J]. Environmental Science & Technology, 2012, 46 (20): 11135-11144.

[222] CHEN D, ZHAO X, LI F, et al. Influence of Surfactant Fouling on Rejection of Trace Nuclides and Boron by Reverse Osmosis [J]. Desalination, 2016, 377: 47-53.

[223] ZHANG Y, ZHANG S, CHUNG T-S. Nanometric Graphene Oxide Framework Membranes with Enhanced Heavy Metal Removal via Nanofiltration [J]. Environ Sci Technol, 2015, 49 (16): 10235-10242.

[224] XU F J, LI H Z, LI J, et al. Spatially Well-Defined Binary Brushes of Poly (Ethylene Glycol) s for Micropatterning of Active Proteins on Anti-Fouling Surfaces [J]. Biosensors & Bioelectronics, 2008, 24 (4): 779-786.

[225] WANG H, REN J, HLAING A, et al. Fabrication and Anti-Fouling Properties of Photochemically and Thermally Immobilized poly (Ethylene Oxide) and Low Molecular Weight poly (Ethylene Glycol) Thin Films [J]. J Colloid Interface Sci, 2011, 354 (1): 160-167.

[226] BELFER S, PURINSON Y, FAINSHTEIN R, et al. Surface Modification of Commercial Composite Polyamide Reverse Osmosis Membranes [J]. J Membr Sci, 1998, 139 (2): 175-181.

[227] LU X L, CASTRILLON S R V, SHAFFER D L, et al. In Situ Surface Chemical Modification of Thin-Film Composite Forward Osmosis Membranes for Enhanced Organic Fouling Resistance [J]. Environ Sci Technol, 2013, 47 (21): 12219-12228.

[228] CASTRILLON S R V, LU X L, SHAFFER D L, et al. Amine Enrichment and poly (Ethylene Glycol) (PEG) Surface Modification of Thin-Film Composite forward osmosis membranes for organic fouling control [J]. J Membr Sci, 2014, 450: 331-339.

[229] ZOU L, VIDALIS I, STEELE D, et al. Surface Hydrophilic Modification of RO Membranes by Plasma Polymerization for Low Organic Fouling [J]. J Membr Sci, 2011, 369 (1-2): 420-428.

[230] SCHAEP J, VAN DER BRUGGEN B, VANDECASTEELE C, et al. Influence of Ion Size and Charge in Nanofiltration [J]. Sep Purif Technol, 1998, 14 (1-3): 155-162.

[231] BANDINI S, VEZZANI D. Nanofiltration Modeling: the Role of Dielectric Exclusion in Membrane Characterization [J]. Chem Eng Sci, 2003, 58 (15): 3303-3326.

[232] SZYMCZYK A, FIEVET P. Investigating Transport Properties of Nanofiltration Membranes by Means of a Steric, Electric and Dielectric Exclusion Model [J]. J Membr Sci, 2005, 252 (1-2): 77-88.

[233] LEE K P, ARNOT T C, MATTIA D. A Review of Reverse Osmosis Membrane Materials for Desalination—Development to Date and Future Potential [J]. J Membr Sci, 2011, 370 (1-2): 1-22.

[234] YANG F, ZHANG S, YANG D, et al. Preparation and Characterization of Polypiperazine Amide/PPESK Hollow Fiber Composite Nanofiltration Membrane [J]. J Membr Sci, 2007, 301 (1-2): 85-92.

[235] MANSOURPANAH Y, MADAENI S S, RAHIMPOUR A. Preparation and Investigation of Separation Properties of Polyethersulfone Supported Poly (Piperazineamide) Nanofiltration Membrane Using Microwave-Assisted Polymerization [J]. Sep Purif Technol, 2009, 69 (3): 234-242.

[236] SETHURAMAN A, HAN M, KANE R S, et al. Effect of Surface Wettability on the Adhesion of Proteins [J]. Langmuir, 2004, 20 (18): 7779-7788.

[237] KANG G D, LIU M, LIN B, et al. A Novel Method of Surface Modification on Thin-Film Compos-

ite Reverse Osmosis Membrane by Grafting Poly (Ethylene Glycol) [J]. Polymer, 2007, 48 (5): 1165-1170.

[238] KWAK S Y, JUNG S G, YOON Y S, et al. Details of Surface Features in Aromatic Polyamide Reverse Osmosis Membranes Characterized by Scanning Electron and Atomic Force Microscopy [J]. Journal of Polymer Science Part B-Polymer Physics, 1999, 37 (13): 1429-1440.

[239] HUANG S-H, HSU C-J, LIAW D-J, et al. Effect of Chemical Structures of Amines on Physicochemical Properties of Active Layers and Dehydration of Isopropanol through Interfacially Polymerized Thin-Film Composite Membranes [J]. J Membr Sci, 2008, 307 (1): 73-81.

[240] VAN WAGNER E M, SAGLE A C, SHARMA M M, et al. Surface Modification of Commercial Polyamide Desalination Membranes Using Poly (Ethylene Glycol) Diglycidyl Ether to Enhance Membrane Fouling Resistance [J]. J Membr Sci, 2011, 367 (1-2): 273-287.

[241] FREGER V, GILRON J, BELFER S. TFC Polyamide Membranes Modified by Grafting of Hydrophilic Polymers: an FT-IR/AFM/TEM Study [J]. J Membr Sci, 2002, 209 (1): 283-292.

[242] YI X S, SHI W X, YU S L, et al. Comparative Study of Anion Polyacrylamide (APAM) Adsorption-Related Fouling of a PVDF UF Membrane and a Modified PVDF UF Membrane [J]. Desalination, 2012, 286: 254-262.

[243] AN Q F, LI F, JI Y L, et al. Influence of Polyvinyl Alcohol on the Surface Morphology, Separation and Anti-Fouling Performance of the Composite Polyamide Nanofiltration Membranes [J]. J Membr Sci, 2011, 367 (1-2): 158-165.

[244] LI Z-Y, YANGALI-QUINTANILLA V, VALLADARES-LINARES R, et al. Flux Patterns and Membrane Fouling Propensity during Desalination of Seawater by Forward Osmosis [J]. Water Res, 2012, 46 (1): 195-204.

# 中英文缩(简)写对照

本文中英文缩（简）写，如附表 1 所示。

**附表 1　英文缩（简）写对照**

| 缩(简)写 | 中文全称 |
| --- | --- |
| NF | 纳滤 |
| APAM | 阴离子聚丙烯酰胺 |
| CO | 原油 |
| AFM | 原子力显微镜 |
| FTIR | 傅里叶红外光谱 |
| ICP-OES | 电感耦合等离子发射光谱 |
| XRD | X 射线衍射 |
| XPS | X 射线光电子能谱 |
| SEM-EDX | 扫描电子显微镜-X 射线能谱仪 |
| 50APAM | 相对分子质量为 50 万的阴离子聚丙烯酰胺 |
| 500APAM | 相对分子质量为 500 万的阴离子聚丙烯酰胺 |
| $SiO_2$ | 二氧化硅 |
| EDTA-4Na | 乙二胺四乙酸四钠 |
| SDBS | 十二烷基苯磺酸钠 |
| BS-12 | 十二烷基二甲基甜菜碱 |
| DTAC | 十二烷基三甲基氯化铵 |
| CTAC | 十六烷基三甲基氯化铵 |
| PL-007 | 安徽普朗公司生产的一种商用膜清洗剂 |
| Diamite™ BFT | 美国清力公司生产的一种商用膜清洗剂 |
| LW | 范德华力 |
| AB | 李维斯酸碱平衡力 |
| $\gamma^-$ | 电子供体分量 |

续表

| 缩(简)写 | 中文全称 |
| --- | --- |
| $\gamma^+$ | 电子受体分量 |
| $\gamma^{LW}$ | 范德华力分量 |
| PEG | 聚乙二醇 |
| PIP | 哌嗪 |
| TMC | 均苯三甲酰氯 |

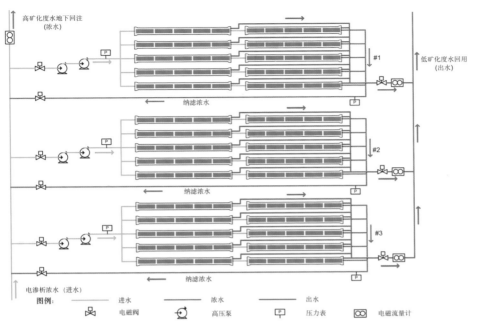

图 3.2　现场 NF 设施工艺流程

（c）XRD 光谱　　　　　　　　　　　（d）XPS Si2p3 窄谱

图 3.9　污染物的化学分析

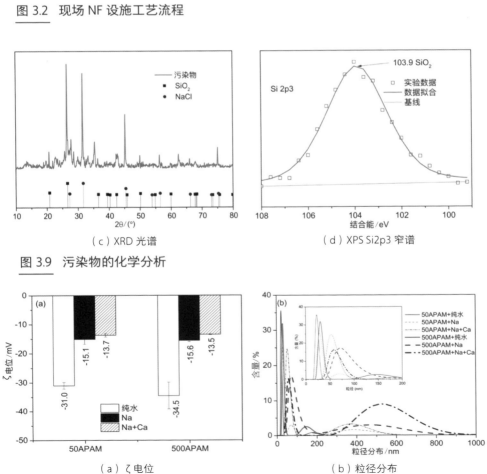

（a）ζ电位　　　　　　　　　　　（b）粒径分布

图 4.2　不同溶液条件下 50APAM 和 500 APAM 的ζ电位和粒径分布

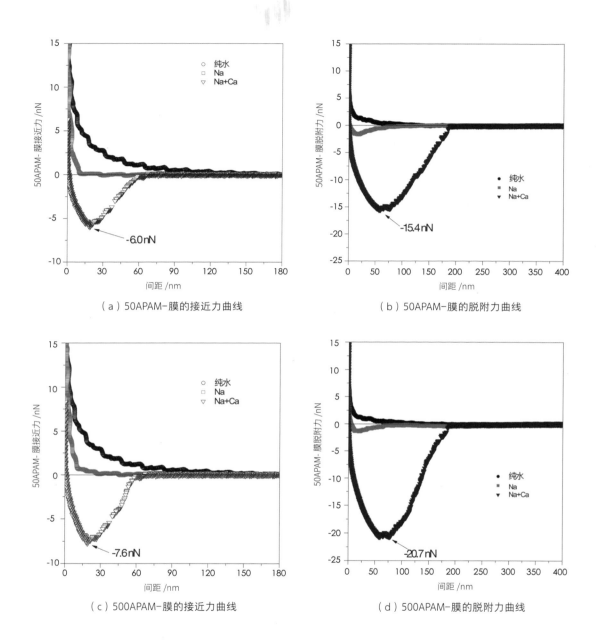

图 4.7　50APAM-膜和500APAM-膜的相互作用

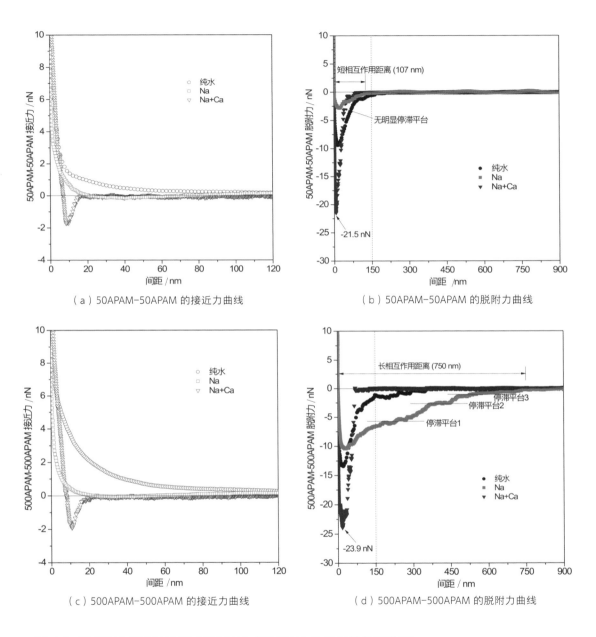

（a）50APAM-50APAM 的接近力曲线

（b）50APAM-50APAM 的脱附力曲线

（c）500APAM-500APAM 的接近力曲线

（d）500APAM-500APAM 的脱附力曲线

图 4.8　50APAM-50APAM 和 500APAM-500APAM 分子间的相互作用

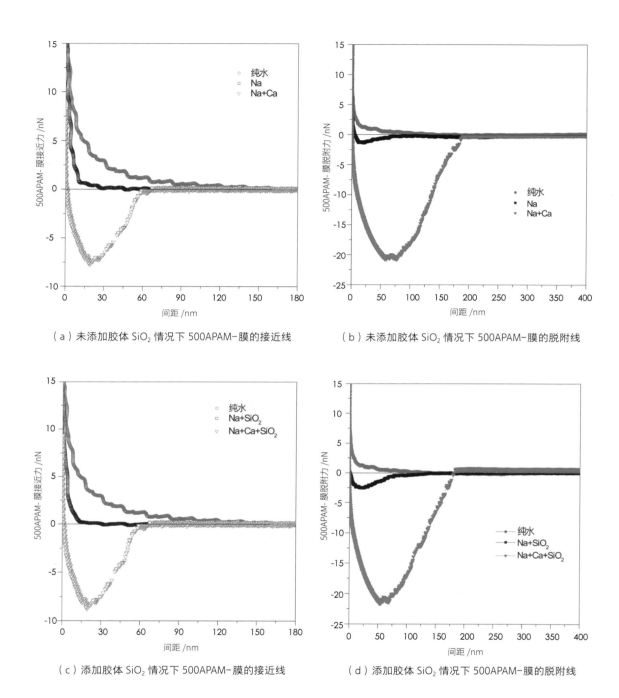

（a）未添加胶体 SiO$_2$ 情况下 500APAM-膜的接近线　　　（b）未添加胶体 SiO$_2$ 情况下 500APAM-膜的脱附线

（c）添加胶体 SiO$_2$ 情况下 500APAM-膜的接近线　　　（d）添加胶体 SiO$_2$ 情况下 500APAM-膜的脱附线

图 4.18　胶体 SiO$_2$ 对 APAM 与膜面之间作用力的影响

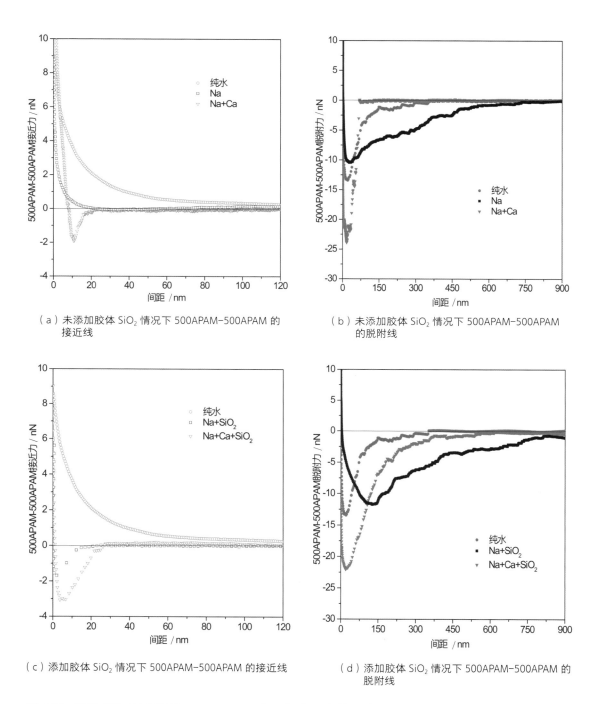

（a）未添加胶体 $SiO_2$ 情况下 500APAM-500APAM 的
接近线

（b）未添加胶体 $SiO_2$ 情况下 500APAM-500APAM
的脱附线

（c）添加胶体 $SiO_2$ 情况下 500APAM-500APAM 的接近线

（d）添加胶体 $SiO_2$ 情况下 500APAM-500APAM 的
脱附线

图 4.19　胶体 $SiO_2$ 对 500APAM-500APAM 分子间作用力的影响

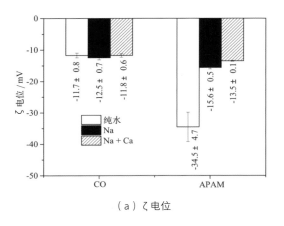

（a）ζ 电位

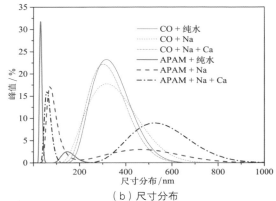

（b）尺寸分布

图 4.20　CO 和 APAM 在不同溶液中的 ζ 电位和尺寸分布

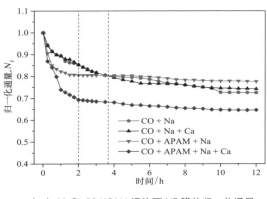

（a）CO 和 CO/APAM 污染下 NF 膜的归一化通量

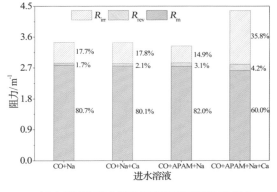

（b）CO 和 CO/APAM 污染下 NF 膜的污染阻力

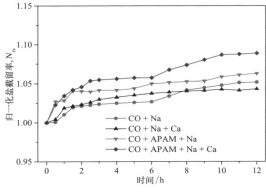

（c）CO 和 CO/APAM 污染下 NF 膜的归一化盐截留率

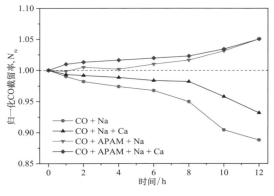

（d）CO 和 CO/APAM 污染下 NF 膜的归一化 CO 截留率

图 4.21　CO 和 CO/APAM 污染对 NF 膜的影响

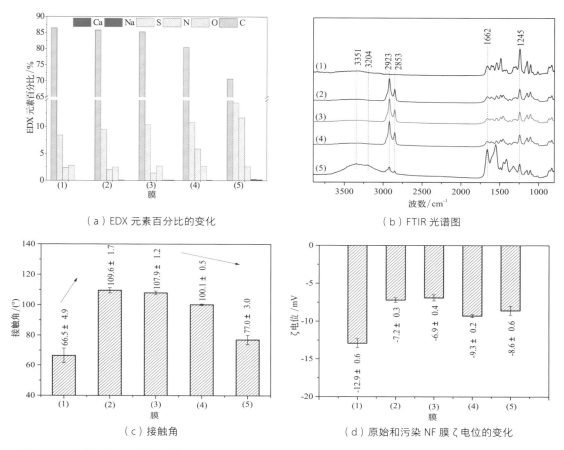

（a）EDX 元素百分比的变化

（b）FTIR 光谱图

（c）接触角

（d）原始和污染 NF 膜ζ电位的变化

图 4.23　污染对 NF 膜性质的影响

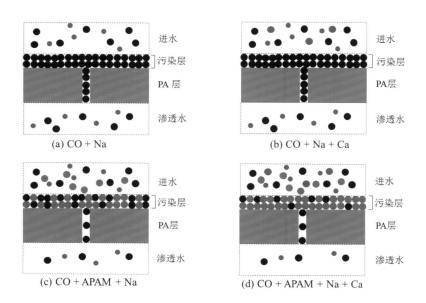

(a) CO + Na

(b) CO + Na + Ca

(c) CO + APAM + Na

(d) CO + APAM + Na + Ca

图 4.25　NF 膜在不同污染情况下性能变化模型

● —CO;　● —APAM;　• —Na⁺;　● —Ca⁺

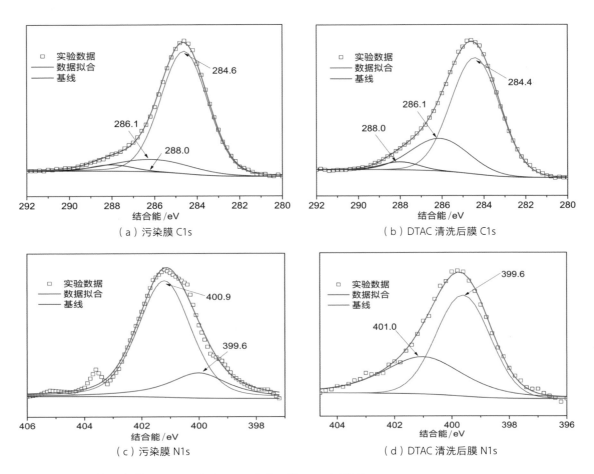

（a）污染膜 C1s

（b）DTAC 清洗后膜 C1s

（c）污染膜 N1s

（d）DTAC 清洗后膜 N1s

图 5.9　未清洗污染膜和 DTAC 清洗 24h 后膜面的 XPS 窄谱图

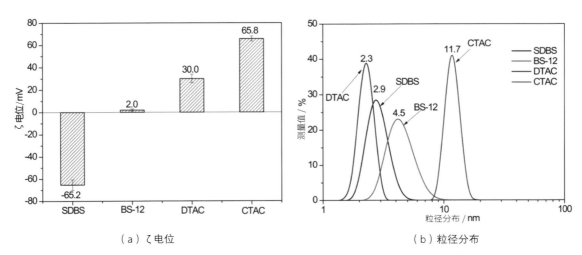

（a）ζ 电位

（b）粒径分布

图 5.12　浓度为 1mmol/L 表面活性剂溶液的表征